世纪英才高等职业教育课改系列规划教材（电子信息类）

电子 CAD 综合实训

主 编 及 力

副主编 路广健

人民邮电出版社

北 京

图书在版编目（CIP）数据

电子CAD综合实训 / 及力主编. -- 北京：人民邮电
出版社，2010.11
世纪英才高等职业教育课改系列规划教材. 电子信息
类
ISBN 978-7-115-23910-5

Ⅰ．①电… Ⅱ．①及… Ⅲ．①印刷电路-计算机辅助
设计-应用软件-高等学校：技术学校-教材 Ⅳ．
①TN410.2

中国版本图书馆CIP数据核字(2010)第177231号

内 容 提 要

本书本着以产品为依托，以实际工程项目引导教学的思路，选择了五个实际的产品，重点从电路原理和工艺角度以及印制板成品的整机装配、焊接、调试方面介绍印制板图设计的全过程。

开篇导学中介绍了电路板板材、电路板制造工艺的相关知识，项目一、项目二是单面板设计，项目三到项目五是双面板设计，其中项目五是多数为表贴式元器件的双面板设计。这些项目的内容循序渐进、逐步加深，且每个项目都有自己的特殊内容，这些特殊内容就构成了本教材宽泛的适用范围。

本书是作者根据多年PCB设计经验和教学实践，以及元器件发展水平和当前企业工艺水平编写，贴近生产实际，语言简练，通俗易懂，实用性强，图文并茂，可作为高职院校相应课程的教材，也可供从事电路设计的工作人员参考。

世纪英才高等职业教育课改系列规划教材（电子信息类）

电子 CAD 综合实训

- ◆ 主　编　及　力
  副主编　路广健
  责任编辑　丁金炎
  执行编辑　郑奎国

- ◆ 人民邮电出版社出版发行　　北京市崇文区夕照寺街 14 号
  邮编 100061　电子函件 315@ptpress.com.cn
  网址 http://www.ptpress.com.cn
  北京铭成印刷有限公司印刷

- ◆ 开本：787×1092　1/16
  印张：10.75
  字数：243 千字　　　　　　　　2010 年 11 月第 1 版
  印数：1- 3 000 册　　　　　　　2010 年 11 月北京第 1 次印刷

ISBN 978-7-115-23910-5

定价：21.00 元

读者服务热线：(010)67132746　印装质量热线：(010)67129223
反盗版热线：(010)67171154
广告经营许可证：京崇工商广字第 0021 号

在工学结合的现代职业教育中，要想让学生在真实工作情境中对任务、过程和环境进行整体化感悟和反思，从而实现知识与技能、过程与方法、情感态度与价值观学习的统一，就必须进行整体化的课程设计，其核心就是找到学习内容的一个合适载体，让学生不但可以借此学习专业知识和技能，而且能够通过经历工作过程获得职业意识和方法，通过合作学会交流与沟通，并最终形成综合的职业能力。

我们编写这本教材就是希望在电子类专业的职业教育中，使学生能够学到 PCB 设计的基本技能，将来在工作岗位上一旦用到能做到上手快、有后劲。

很多初学者都曾有过这样的体会，尽管对软件的操作很熟练，但是当拿到一张电路图，要根据用户要求进行印制板图设计时还是无从下手，甚至面对五花八门的元器件，不知应怎样确定其封装。

这是因为 PCB 设计是一个综合过程，仅对软件本身操作熟练还不能设计出符合要求的 PCB 图，必须具有相关的电路知识、工艺知识和整机装配、焊接甚至调试、维修知识，要了解元器件的种类、发展与使用，还要了解 PCB 的生产过程等。这些都是通过综合训练才能获得和掌握的，这也是本教材的编写初衷。

本教材选择了五个实际产品作为五个训练项目，每个项目从开始到完成都是一个完整的设计过程。在这一过程中，既有软件操作，又有根据电路原理和工艺要求进行布局和布线方面的考虑，还有具体的操作步骤，还有一些针对特殊要求在实际中所采用的特殊方法，直至编写出给制板厂的工艺文件。读者跟随教材，在完成一个个设计任务的同时会不断积累设计经验，提高设计能力。

细心的读者可能会发现，每个项目中的任务都基本一样，主要是因为这些任务就是实际的 PCB 图设计流程，而每个项目中的内容却不相同。

项目一是单面板设计，重点是正确绘制和使用元器件符号，正确绘制原理图，通过确定变压器等元器件封装，了解根据实际元器件确定封装参数的方法，学习根据信号流向进行布局的方法，发热元件的布局，特别是有特大、特重元件（变压器）的布局，学习根据飞线指示手工绘制单面板图的方法，利用多边形填充加大接地网络面积、利用矩形填充改变直角拐弯的方法，初步了解工艺文件的编写。

因为项目一是本书的第一个设计实例，所以对操作过程和简单原理都进行了详细介绍，在以后的项目中有些常用操作就不再介绍。

项目二是较复杂的单面板设计，在元器件符号编辑方面，不仅有自己绘制的元器件电路符号，还介绍了修改系统提供的元器件符号的方法。项目二电路中包含了大量常用元器件，因此本项目详细介绍了这些常用元器件的封装确定方法。在布局方面重点介绍了有位置要求元器件的布局方法，布线方面重点介绍了查找指定网络，并对指定网络设置线宽的方法，工程上经常使用的在有限板面中满足线宽要求的常用方法等。

项目三是双面板设计，重点一是电阻排封装确定，二是电路中有核心元器件的布局方法，三是在单片机电路中对晶振和晶振电路中电容的位置要求，四是在手工布线方面学习在不同工作层绘制同一导线的操作方法，五是利用多边形填充进行整板铺铜的方法。

项目四是较复杂单片机双面板设计，重点一是复合式元器件符号的正确放置，二是两位数码管的封装确定，三是对电路中有接机壳金属要求元器件的处理方法，四是进一步熟悉双面板布线，五是了解在元器件较多、走线较多情况下怎样对走线进行规划。

项目五是多数为表贴式元器件的双面板设计，重点一是具有总线结构原理图的绘制，二是表贴式元器件封装符号的绘制，三是多数为表贴式元器件的 PCB 图设计方法，四是Mark 点的概念与正确绘制，五是 PCB 四周铺铜的方法。

本书的作者中既有从事 PCB 设计几十年的工程技术人员，又有长期从事计算机辅助设计教学的一线教师，因此在作为教材内容的产品选择上既考虑了设计类型的不同，如单面板、双面板，又兼顾了当前 PCB 生产企业的加工水平、元器件封装的不同类型以及整机焊接技术，如插接式元器件、表贴式元器件、集成电路的不同封装等。在编排顺序上，教材根据从易到难、由浅入深、循序渐进的要求和学生的学习特点对内容做了精心安排。使读者通过学习和训练能够真正掌握印制板图实用、有效的设计方法，从而实现与实际生产的零距离接触。

为了使读者能够有针对性的完成设计任务，在开篇导学中介绍了有关敷铜板的知识、电路板加工工艺知识等。

本书虽然是以 Protel 99 SE 软件为例，但由于重点介绍的是工艺上的设计原则和设计方法，因此同样适合使用其他软件进行 PCB 设计的情况。书中有些元器件符号采用的是 Protel 软件中的符号，与国家标准不一致，敬请读者注意，并为由此带来的不便深表歉意。

本教材开篇导学和项目三由路广健编写，项目一由及力编写，项目二由罗慧欣编写，项目四、项目五由刘江编写，及力、路广健统编全稿。由于时间仓促，作者水平有限，书中难免有不妥之处，恳请读者批评指正。

编　者

Contents 目 录

开 篇 导 学

（一）敷铜板的相关知识

电路板全称印制电路板或印制（印刷）线路板（Printed Circuit Board，PCB），如图 1 所示。

图 1　印制电路板

一、制作电路板的材料

制作电路板的主要材料是敷铜板。敷铜板由基板、铜箔构成，是将铜箔通过粘合剂（各种合成树脂）高温加压粘合在基板上。

1. 基板

基板是由高分子合成树脂和增强材料组成的绝缘层压板。

（1）合成树脂的种类

合成树脂的种类繁多，常用的有酚醛树脂、环氧树脂、聚四氟乙烯等。合成树脂决定了基板的绝缘、阻燃以及抗干扰等电气性能。增强材料一般有纸质和布质两种，决定了基板的力学性能，如耐浸焊性、抗弯强度等。

（2）基板的种类

由合成树脂和增强材料组合组成了敷铜板的基板，按这两种材料的成分不同可分为酚醛纸基板、纸基环氧板、环氧树脂玻璃布板等。

对于印制电路板的设计者和使用者来说，基板材质的选择是很重要的，要考虑电路的功能、焊接方式、产品工作环境等因素。

2. 铜箔

铜箔是制造敷铜板的关键材料，必须有较高的导电率和良好的焊接性。

（1）对铜箔的要求

要求铜箔的表面不得有划痕、砂眼和皱褶，金属纯度不低于99.8%，厚度误差不大于±5μm。

按照部颁标准的规定，铜箔厚度的标称系列为18、35、70和105μm。也有人把铜箔厚度单位称为"盎司"，英文是"ounce"，缩写为"oz"，1oz的铜箔厚度就是35μm。实际上"oz"是一个质量单位，铜箔厚度称"oz"是因为1oz的铜铺1平方英寸所形成的铜箔厚度是35μm。

（2）铜箔厚度对印制电路板性能的影响

我国目前正在逐步推广使用35μm厚的铜箔。铜箔越薄，越容易蚀刻和钻孔，特别适合于制造线路复杂的高密度印制电路板。铜箔越厚，越容易产生侧腐蚀，适合加工线路简单，线条较粗，过电流要求比较大的电路。

在腐蚀过程中，保留的部分由保护膜覆盖，需要腐蚀掉的部分是裸露的铜箔，化学药液喷溅在印制电路板的所有部分，药液在向下腐蚀裸露铜箔的同时，还要向保护膜覆盖的部分渗透腐蚀，这就是侧腐蚀。药液向下腐蚀多少也同时向保护膜内侧腐蚀多少，铜箔越厚，侧腐蚀就越严重，如果所画线条较细，侧腐蚀后，就有可能将线条腐蚀断。

对于印制电路板的设计和使用者来说，对铜箔厚度是可以提出要求的，如果所设计的产品过流较大，一定要选择较厚铜箔的板材，70μm厚度的就比较厚了，选择较厚铜箔的板材时，最好与电路板加工厂家沟通，确认所画的线条是否够宽。

图2所示为未加工的敷铜板。

图2　未加工的敷铜板

二、电路板的种类、特点和用途

电路板的种类比较多，分类方法也比较多，使用者和生产者对各种板材或工艺的电路板的叫法也很多，并没有完全统一的叫法。一般来说，大家普遍认可的分类方法是按基材材质、层数以及电气性能等级进行分类。

1. 按层数分类

（1）单面板

单面板是只有一面敷铜，另一面没有敷铜的电路板。通常元件放置在没有敷铜的一面，敷铜的另一面主要用于布线和焊接。单面板由于板材用料少，加工工艺环节少，所以板材的原料价格低；另一方面，由于电路板制造的工艺环节少，使得单面板的价格远低于双面板和多层板。但是，由于单面板只能在一个层面上走线，很多复杂的电路不能在单面板上布通，应用范围很有限。所以，尽管单面板的价格低廉，却不能用于所有的电路。只适用于线路简单，成本要求低的产品。图 3 所示为单面印制板的原料及成品。

图 3　单面印制板

（2）双面板

双面板即两个面都敷铜的电路板，双面板的一面放置元件，另一面作为元件的焊接面。有的绘图软件将放元件的一面称为元件面（Component Side），将另一面称为焊接面（Solder Side）。在本书将要介绍的 PROTEL 系列绘图软件中，将元件面称为顶层（Top Layer），焊接面称为底层（Bottom Layer）。

双面板由于板材的售价高，且电路板制造的工艺环节比单面板多好几道工序，使得双面板的售价比单面板的高很多，一般双面板的价格约为单面板价格的 2 倍。但由于双面板的布通率高，多数电路均可布通，因此尽管售价略高，双面板仍然有较大的用量（图 4）。

图 4　双面印制板顶层

（3）多层板

多层板是包含多个工作层面的电路板。

制板厂在加工单面和双面板时，是选择单面或双面的敷铜板板材进行后续加工，而多层板却不是这样的。多层板按层数的不同，由数个很薄的双面板或单层铜箔预加工后再热压在一起，最后再按双面板的工艺进行一轮加工而成。

多层板的层数越多，加工过程越复杂，要求的定位精度越高，对设备和生产管理水平的要求也越高，因而成品价格就高。一般三层和四层板的价格约为双面板价格的3倍，层数越多价格就越高，而且高的幅度越大。另外，多层板还有一笔不菲的开工费。虽然多层板的价格远高于双面板，且工期也比双面板长很多，但由于多层板能使布线密度大幅提高，同时，如果层数足够多，除了走线层，还可以有专门的电源层和地线层，能起到屏蔽作用，使产品的抗干扰能力大幅提高。所以多层板的用量近年来越来越大，层数也越来越多。

2. 按基材材质分类及其用途

(1) 酚醛纸基板

酚醛纸基板是以木浆纤维纸做增强材料浸以酚醛树脂经热压而成的层压制品，其一面敷以铜箔，均为单面板。板材从外观看，颜色多为棕色、黄色、浅黄等，外表混沌，不透明。产品型号为FR-1，较好些的是FR-2，较差些的是XPC和XXXPC。

酚醛纸基板的主要特点是冲孔性能较好，适合大批量的需要冲压工艺成孔和成形的PCB产品，但是冲压前需加温烘烤板材，否则较脆易断裂。

这种板材的优点是价格低廉，加工工艺简单。缺点是机械强度低，受外力冲击时易断裂，高温性能不好，浸焊时容易分层和翘曲，在长期潮湿环境中易吸潮，且绝缘强度降低。主要用作电话机、电子玩具、VCD、游戏机、半导体收音机、家庭音响等要求不高的印制电路板。

(2) 纸基环氧板

纸基环氧板是以木浆纤维纸做增强材料浸以环氧树脂经热压而成的纸基敷铜板。这种板材在电气性能、力学性能、热稳定性上均略比酚醛纸基板有所改善。

它的主要产品型号为FR-3，市场多在欧洲。国内也有使用，多用于电视机，显示器等，俗称彩电板，属于较低档产品。

(3) 环氧玻纤布板

环氧玻纤布板是以玻璃纤维布作增强材料浸以环氧树脂，再经高温高压压制而成的基板。产品型号为FR-4。

环氧玻纤布板的力学性能、尺寸稳定性、抗冲击性、耐湿性能等均比纸基板高。基材的颜色多为白色或白色发黄，半透明，能清晰看到玻璃布的布纹。其电气性能优良，工作温度可以较高，本身性能受环境影响小。在加工工艺上，要比其他树脂的玻纤布基板具有很大的优越性。

目前，大多数的双面板都使用环氧玻璃布板做基材，一些要求较高的单面板也使用环氧玻璃布板做基材。多层板的基材，又称为芯材，也是这种材质。FR-4的应用范围很广，在各类电子产品、仪器仪表、精密电子仪器、计算机、通信等领域都广泛使用，是当前使用范围最广、用量最大的基板。

近年来由于电子产品安装技术和PCB技术发展需要，又出现高T_g值的环氧玻璃布基板，有人将这类板材称为FR-5，多数人将这类板材称为高T_g值板材。

当环境因素使得基板温度升高到某一区域时，基板将由"玻璃态"转变为"橡胶态"，此时的温度称为该板的玻璃化温度（T_g）。也就是说，T_g是基材保持刚性的最高温度（℃）。普通环氧玻璃布基板材料在高温下，不但产生软化、变形、熔融等现象，同时还表现在机械、电气特性的急剧下降。而高T_g值环氧玻璃布，使用的环氧树脂是改性的树脂，玻璃化温度点高于普通环氧树脂。

一般 T_g 的板材为 130℃以上，中等 T_g 约大于 150℃，高 T_g 一般大于 170℃。基板的 T_g 值提高了，印制板的耐热性、耐潮湿性、耐化学性、耐稳定性等特征都会得到提高和改善。T_g 值越高，板材的耐温性能越好，尤其在无铅制程中，高 T_g 值板材的应用比较多。

（4）复合基板材

面料和芯料由不同增强材料构成的敷铜板，称为复合基敷铜板。这类敷铜板是 CEM 系列产品，是在 20 世纪 70 年代初开发研究，并迅速打开市场的产品。而环氧玻璃布基材是 20 世纪 40 年代中末期开始应用的产品。

CEM 系列板材有代表性的两种产品，CEM-1 和 CEM-3。其增强材料是由玻璃布（面料）加木浆纸（CEM-1）或玻纤纸（CEM-3）（芯料）组成，所以称复合基。树脂为环氧树脂（CEM-3）或环氧树脂加少量酚醛树脂（CEM-1）。

复合基的板材各项性能指标均高于酚醛纸基板和环氧纸基板，复合基板材的高端产品 CEM-3 各项性能指标多数与环氧玻璃布的板材持平，有些已经超过环氧玻璃布板材的性能，仅在耐热老化性能和机械强度方面略有不足。但是价格却低于环氧玻璃布板。CEM-1 属于复合基板材中的低端产品，其性能比酚醛纸基板和环氧纸基板性能略优或持平，使用范围也近似。CEM-3 的使用范围与环氧玻璃布板近似。

（5）特殊材料基板材

① 聚四氟乙烯板

有通俗的称法为特氟龙板或铁氟龙板（Teflon）。基材颜色发黑，T_g 值很低，只有 19℃，在常温下就有一定的柔韧性，这就使线路的附着力及尺寸安定性较差，最大特点是阻抗很高，适于加工高频微波通信领域的电路板。

② BT/EPOXY 树脂板

俗称 BT 板，BT 树脂也是一种热固型树脂，BT 板的基材是由 BT 树脂与环氧树脂混合而成。BT 板耐热性能非常好，T_g 值可达 180℃，同时电气性能也很优越，绝缘性能强。适用于高频线路方面产品和需要高速传输功能的电路板。

③ 金属基敷铜板

基材为金属的电路板，有铝基、铁基和铜基电路板，由于铝的导热性能高、成本低、比重小，使得铝基板是应用最广的产品。铝基板多用于一些大功率产品，如大功率 LED 照明灯，集成度较高的电源等发热量很大的产品。

④ 陶瓷基敷铜板

基材为陶瓷，该产品在耐热性、散热性、耐宇宙射线、绿色环保性以及高低温循环老化试验方面的性能极其优异，铜箔抗拉脱和剥离能力很强，绝缘强度高，高频损失小。适于加工大功率集成模块、电力电子功率模块、高频电路产品及航天航空等领域产品。

⑤ 无卤素板

是由环保无碱玻璃纤维布浸以无卤素环氧树脂，经热压后形成的无卤素环氧树脂玻璃纤维板（简称无卤素板）。

PCB 用的基材、胶片、阻焊剂等均含有少量的卤素元素，其用途主要是提高 PCB 的耐燃度。然而，含卤素阻燃剂在燃烧过程中会产生有毒的物质，危害人体健康和污染环境。

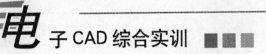

国际上特别是欧洲，对这个问题表示强烈关注。欧盟（EC）环保委员会提议，限期在电器和电子产品中禁止使用含卤素的阻燃材料。在此前提下，无卤性阻燃敷铜板应运而生。从化学角度考虑，具有阻燃功能的元素，除卤族元素（F、Cl、Br、I）外，还有 V 族的 N、P 等元素。现在的无卤素板就是在环氧树脂体系中，引入 N 和 P 等元素，并配合适当的阻燃助剂，以达到满意的阻燃效果。无卤素板，除环保外其他性能用途与 FR-4 产品相当。

3. 按刚性挠性分类

（1）刚性电路板

上一小节介绍的以增强材料和各类树脂热压而成的敷铜板，以及各类特殊材料基材的敷铜板均为刚性电路板。在常温下有一定的硬度，不易弯曲变形。考核刚性电路板的指标是越不易软化（T_g 值高）越好，尺寸稳定性越高越好。

（2）挠性电路板

又叫柔性电路板或软板。顾名思义，它们是柔软的、可以弯曲的电路板。英文是：FLEXIBLE PRINTED CIRCUIT，简称 FPC，也有单层、双层和多层之分。

基本材料也是基材加铜箔，不同点是：基材多为软性聚酯材料，铜箔与基材用胶粘剂粘合而成。铜箔的厚度分为 18μm、35μm、70μm，使用的较多是 35μm。基材厚度多为 1mil、2mil（即 0.0254mm 和 0.0508mm）。软板制成后在表面还要粘合一层保护膜，局部区域为了焊接元件或方便安装还需要另外压合一层较硬材料，称为补强胶片。挠性电路板的总厚度一般小于 0.4mm，通常为 0.04～0.25mm。由于挠性板的坚度不够，最终进行外形加工时不能使用剪切和铣加工，只能用复合模进行冲切加工，对于小批量加工来说成本较高。对刚性敷铜板而言，即便是在很薄的情况下，当受外力弯曲时，其基材也很容易产生破裂。在许多情况下，希望部件之间有一个可活动的挠性联接功能，并要求这种可活动的挠性联接能够达到多次挠曲，挠性电路板有效地解决了这个刚性板所不能解决的问题。日常使用的针式打印机和喷墨打印机中打印头与控制板之间的连接部分就是一块挠性电路板(图5)。

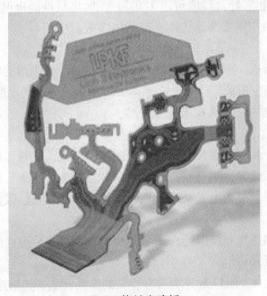

图5　挠性电路板

4. 按基材的阻燃性能分

目前业界普遍认可的分级方法是按 UL94 标准对基材的阻燃性能等级进行分类。UL 是美国保险商实验室 (Underwriter Laboratories Inc.) 的简写。UL 安全试验所是美国最具权威、也是世界上从事安全试验和鉴定较大的民间机构。

阻燃等级由 HB，V-2，V-1 向 V-0 逐级递增。

HB：UL94 标准中最低的燃等级。要求对于 3～13mm 厚的样品，燃烧速度小于 40mm/min；小于 3mm 厚的样品，燃烧速度小于 70mm/min；或者在 100mm 的标志前熄灭。

V-2：对样品进行两次 10s 的燃烧测试后，火焰在 60s 内熄灭。可以有燃烧物掉下。

V-1：对样品进行两次 10s 的燃烧测试后，火焰在 60s 内熄灭。不能有燃烧物掉下。

V-0：对样品进行两次 10s 的燃烧测试后，火焰在 30s 内熄灭。不能有燃烧物掉下。

（1）非阻燃板

阻燃性能达到 UL94HB 等级的板材称为非阻燃板，在纸基酚醛材质的板材中型号为 XPC 和 XXXPC 的板材是非阻燃板，板材的颜色多为深棕色，板材内所打厂标为蓝色。非阻燃板的材料成本低，一般应用于低电压，简单电路产品。

（2）阻燃板

阻燃性能达到 UL94V-0，低一点能达到 UL94V-1 的板材称为阻燃板，在纸基酚醛材质的板材中型号为 FR-1 和 FR-2 的板材是阻燃板，板材的颜色多为黄色，板材内所打厂标为红色。纸基环氧板和环氧玻璃布板及复合基板材均属阻燃板，且多数都已达到 UL94V-0 的阻燃等级。

（二）电路板加工工艺简介

在电路板加工过程中，不管所用的敷铜板板材是什么材质的基材，加工工艺都相差不多。只有电路板成品的层数有区别，加工工艺才有较大的不同。按成品层数的不同，加工工艺分为单面板流程、双面板流程、多层板流程。下面就是比较典型的单面、双面电路板制板工艺流程。

一、单面板加工工艺流程

图 6 所示为单面板的生产工艺流程图。

1. 制订加工工艺

不管是单面板、双面板还是多层板，电路板的使用者在向制造者定做电路板时，必须提供定做电路板的 CAD 文件及制板工艺要求。生产厂拿到 CAD 文件和制板工艺要求后，首先由生产准备部门制订加工工艺，编写生产指示。生产指示内容包括敷铜板的材质、层数、厚度、铜箔厚度、拼板数量和拼板方式、下料尺寸、图形转移方式、电镀时间、阻焊颜色、字符颜色、表面处理方式、成型方法等。

2. 光绘

将 CAD 文件转到光绘室输出图形转移用的底片和生成数控钻孔以及数控铣边的程序文件。使用的设备是激光照排机，是利用激光在感光底片上成像，再通过显影定影来完成。

用户使用 Protel 等软件设计好的文件，所有工作层的线路和字符都是叠在一起的，钻孔数据也包含在焊盘属性内。光绘的过程，就是将叠在一起的线路、字符、阻焊分为单个信息输出成单张底片和钻孔专用文件。

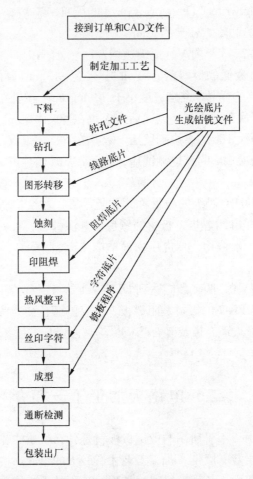

图 6　单面板的生产工艺流程

拼板也在此完成。如果要加工的电路板面积很小，必须进行拼板，拼到足够大才可以加工。这一方面是为了提高生产效率，另一方面是为了保证后续加工的顺利进行（如果太小，腐蚀时容易从腐蚀机的传送带上掉到传送带下面的药液槽里，造成报废）。

拼好板后还要加外围工艺图形（主要是为了控制图形电镀的时间以及插指镀金的导通）和工艺孔（主要为了数控钻孔的检查和后续工序如图形转移、丝网印刷的定位）。然后，按工艺流程的要求输出阴图或阳图线路底片和阻焊剂底片及字符底片，再生成数控钻孔程序，以及按最终成型的方式要求生成数控铣边程序。

3. 下料

按生产指示要求的材质、厚度等用剪板机将敷铜板剪切成适度大小。剪切前一般要烘烤几到十几小时，以减小内部应力和保证剪切时不发生边缘断裂和分层等问题。

4. 钻孔

现代制板工艺不管是单面板还是双面板都要先钻孔，钻孔是由 CAD 文件直接生成的钻孔文件控制数控钻来完成的。目前市场上以德国、日本、美国生产的数控钻的速度和功能最为优良，数控钻的精度一般能达到 0.02mm。

为提高工作效率，一般在钻孔时 3～4 片叠在一起钻，但这样会造成钻孔偏差的加大，最终钻孔偏差应为 0.02～0.1mm。

为保证钻孔后孔壁的光滑，要求数控钻有较高的转速，根据钻头直径的大小，数控钻的转速由几万转到十几万转不等，钻头越小转速可以越高。钻头采用定柄（φ3.175mm）硬质合金材料，以减小钻头的磨损，同时每个钻头在钻数千孔后还需刃磨一次，以保证足够的钻孔精度。

5. 图形转移

图形转移就是将光绘室输出的线路底片上的图形转移到敷铜板上。目前有两种方法可以实现图形转移，一种是贴膜曝光，另一种是丝印图形。

贴膜曝光分为贴干膜和印液态干膜。具体方法是整板贴感光膜或丝印感光油墨烘干，然后将线路底片敷在敷铜板上曝光，再用药液洗去未曝光部分（称为显影），就可达到图形转移的目的。对于单面板来说，线路底片是阴图，即线条是透明的，其他部位是黑色的，在曝光时线路曝光，显影后保留下来，其他未曝光的空白部分在显影后感光膜被洗掉，露出原有的铜箔。由于液态干膜成本低，感光粒度也较高，所以使用的很多。

丝印图形法就是将图形用耐腐蚀油墨直接丝印到钻好孔的敷铜板上，烘干后就完成了图形转移。由于丝印图形的油墨用量少，加之工序简单，使得生产成本更大降低。但是由于丝印图形的精度不够高，所以只适用于粗线条且较稀疏的线路。

6. 蚀刻

又称腐蚀，单面板图形转移后，需要腐蚀的部分是裸露的铜箔，需要保留的部分由膜或油墨覆盖，这些膜或油墨均是耐酸不耐碱，把这些单面板放进酸腐蚀机，即可将不需要的铜箔腐蚀掉。

酸腐蚀的药液是盐酸和双氧水按一定比例混合而成，酸腐蚀机是传送带式结构，封闭空间，上下有喷嘴。腐蚀时，要腐蚀的敷铜板放在机器封闭空间入口的传送带上，随传送带走到封闭空间喷嘴的下方，喷嘴一直在不停的将腐蚀液喷溅到敷铜板上。待敷铜板走到出口处进行清洗就完成了腐蚀工作。传送带的行进速度是可调的，铜箔厚，就需调慢速度延长腐蚀时间，以保证腐蚀完全；铜箔薄，就需调快速度缩短腐蚀时间，以减小侧腐蚀。腐蚀完成后，还需将敷铜板上的保护油墨或膜退掉。

7. 印阻焊

印阻焊就是将不是焊盘的部分用阻焊剂遮盖。阻焊剂是一种油墨，可通过丝网印刷在敷铜板上，然后通过加热或紫外光固化而附着在敷铜板上。

阻焊剂的功能是在焊接时阻止焊锡流向其他部位。阻焊剂的颜色有多种，绿色、蓝色、黑色、白色、紫色和红色等。最经典的颜色是绿色，历史悠久、应用范围极广，因此有人甚至直接将阻焊剂称为绿油。

在以前的制板工艺中阻焊剂油墨是直接丝印到敷铜板上，加热固化或紫外光固化，所用油墨为热固型油墨或紫外光固型油墨。不需阻焊的部分，就不印阻焊剂，这种方法的缺点是容易印偏，造成部分阻焊剂被印到焊盘上，不利于以后的焊接。

现在的制板工艺是将阻焊剂油墨丝印在整板上，然后烘干、曝光、显影洗去焊盘上未曝光的阻焊剂油墨，这样印的阻焊剂位置很正，虽然工序稍多一点，但可以使质量有很大提高。这种方法所使用的阻焊剂油墨是光敏油墨。

无论是以前的将阻焊剂油墨直接丝印到敷铜板上，还是现在使用的曝光显影方法，依据的都是光绘室提供的阻焊剂底片，也就是用户提供给制板厂的 CAD 文件中焊盘所包含的信息，在 PROTEL99SE 中是 Top Solder Mask Layer 和 Bottom Solder Mask Layer 这两层所包含的信息。

8. 热风整平

这是一种表面处理方法。表面处理有多种方法，热风整平是目前使用最多的表面处理方法。

具体过程如下：先将印好阻焊剂的敷铜板涂覆助焊剂，然后将敷铜板卡在垂直伸缩臂上，将敷铜板向下完全浸入伸缩臂的下方盛有熔融状态铅锡合金的容器内，然后立即提起，在提起的同时由气泵向敷铜板吹强劲热空气，热风是双向垂直于敷铜板表面同时吹。这样，就使敷铜板孔内和敷铜板表面处于熔融状态的铅锡被吹走，无孔焊盘表面也被吹平。

热风整平的结果是，使未被阻焊剂遮盖的裸露着的铜箔部分全部被铅锡覆盖。铜表面覆盖铅锡的目的，一方面是为了使焊接容易，另一方面是保护铜箔表面，避免暴露在空气中造成氧化而影响可焊性。

熔融状态的铅锡温度大约为 200 多度，所以敷铜板浸入铅锡中的时间要短，否则会损坏板材。铅锡长期使用后易使铅锡熔液内铜离子含量增加，焊盘表面铅锡内铜离子含量增加会使焊盘可焊性下降，所以铅锡使用一定时期后应更换。另外，如果气泵所产生的压缩空气气压不够或出风角度有异常，会使敷铜板表面的铅锡不平，尤其是大面积裸铜部分，会有较大凸起，如果是贴片元件的焊盘上铅锡不平，会对以后的焊接影响很大。

9. 丝印字符

丝印字符是将 PROTEL 软件中 Top Overlay 和 Bottom Overlay 两层上的内容，包括元器件符号、元器件序号和元器件标称值等，转移到电路板上。

这道工序首先要准备一张丝网，丝网的材质是涤纶网绢。在张网机上制好丝网，在丝网上涂感光胶、烘干，而后利用光绘室提供的字符底片给制好的丝网曝光、再冲洗，将未曝光的部分，即要印制到敷铜板上的内容冲洗掉，这样就制好了带有字符图形的丝印网。

由于丝印油墨有一定的粒度，加上丝网的目数比较高，所以在设计电路板时字符层上的内容线条不能太细，否则容易不过油墨，出现断道的现象。但是线条也不能太宽，尤其是较小的字符，如果线条太宽，丝印到敷铜板上的油墨是一种膏状体，会有一定的流动性，从而使字符成模糊一片，无法区分内容。

字符油墨的颜色多数是白色，其他颜色如黄、黑等颜色的字符油墨较少，颜色虽不同，性能没有什么区别。

10. 成型

根据成品板的要求有多种成型方法。

(1) 剪切成型

适于加工长方形或正方形的电路板，四条边剪切四次即可完成，效率高但精度低，需要人工定位。而且剪切的边缘有毛刺、易掉屑，即使用砂纸打磨后，边缘也不够光滑，使得成品板外观较差。现在，较大规模的制板厂几乎不使用剪切成型的工艺。

（2）冲压成型

使用冲压机，复合模冲压成型。酚醛纸基类板材和复合基类板材在冲压前需加温烘烤。冲压成型后电路板边缘很粗糙。冲压成型所需的复合模的费用很高，所以只有量足够大时才适合用冲压成型的工艺。

（3）数控铣成型

数控铣床是一种类似于数控钻床，但是功能比数控钻床还强的设备，外观与数控钻床几乎一样。数控铣成型的成品板，边缘很光滑，尺寸精度很高，外观很漂亮，同时任何形状的外形，任何材质的板材均可加工。现在，较大规模的制板厂主要的外形加工手段就是数控铣。

数控铣的缺陷是生产效率低，另外，如果是拼成大板的话，拼板间距至少要大于铣刀的直径，这样就损失一点板材利用率。铣刀的直径大于 1.0mm，最大为 3.175mm（等于定柄的直径），铣刀的直径越小，越易折断。

（4）V 槽切割

V 槽切割成型的板材利用率最高，同时生产效率也很高。

划 V 槽成型工艺，要求拼板为无间距拼板。切割时将电路板平放在机床上固定好，然后，用 V 形切割刀从电路板上划过，划的深度为板厚的 1/3。划完正面，再将电路板翻转过来，再划一次，又划板厚的 1/3。如果是多个拼版，可以增加 V 槽切割刀的数量，一次就可以将一个方向的所有位置切割完成。使用者拿到成品板后可以焊好件之后再掰开，对于焊接来说也可以提高生产效率。V 槽切割成型的缺点是成品掰开后板边很粗糙。

成型加工要求电路板的设计者在布线时要考虑到成型方式的不同对于线路距离板边的要求也不同。对于数控铣边方式来说，线路的边缘距离边框线中心不要小于 0.2mm，而对于 V 割方式来说，这个距离至少要大于 0.4mm，否则的话，V 槽切割时很容易损伤线路。

11．通断检测

成型后的电路板的电气连接关系是否正确，就需要一系列检测手段来降低交到客户手中的成品板的错误率。在这一系列检验中，最后的通断检测是最有效的方法。通断检测有两种方法，一种方法是光板测试，另一种方法是飞针检测。

（1）光板测试

首先用数控钻加工一块与待测板孔位和焊盘位置一样孔径单一的支撑板，一般材质是有机玻璃板，孔的大小由测试针的要求决定；然后将待测板上插好高度相等的测试针，针的尾端通过连线引出接到测试机上，将待测板按位置放到测试针上，通电测试，测试结果上传到测试机的计算机中，然后再测下一片待测板，将上传结果与上一片板的结果比较，指出不同点。这样测试可以将少数派从大多数中区分出来，但是系统错误（如线路底片连接错误等），是无法区分的。而且，如果待测板的数量很少，只有两、三片，这种测试是没有意义的。

（2）飞针检测

飞针检测的做法是将单片板立在工作台上，板的一侧有两只尾部带引线的测试针快速

11

地依次移向每个焊盘，并将实测连接关系实时上传到测试台的计算机中，与由 CAD 软件生成的连接关系比较，将不同点指出。这种测试方法的依据是客户提供的 CAD 文件，所以准确性很高，缺点是用时较长。

注意，无论哪种测试方法都要逐片检测。

12. 包装出厂

现在的主流包装方式是真空塑封包装，目的是使电路板在焊接以前尽量少接触空气，尤其是潮湿的空气。不管是铅锡的表面还是用其他方式进行表面处理的电路板，长期暴露在潮湿的环境下都容易使焊接表面氧化，而影响可焊性。而且，板材长期处于潮湿环境也有可能因吸潮而降低电气性能。有些厂在塑封时还要在塑封膜内加一小袋干燥剂，对于南方潮湿天气的用户来说，是很有意义的。

二、双面板加工工艺流程

图 7 所示为双面板的生产工艺流程图。

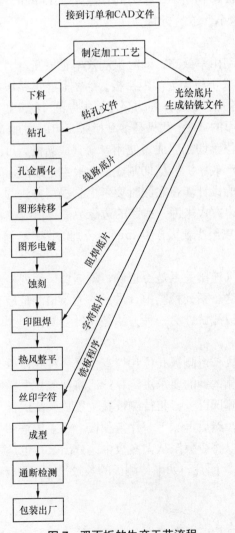

图 7　双面板的生产工艺流程

1. 制订加工工艺

同单面板。

2. 光绘和下料

同单面板。

3. 钻孔

同单面板。

4. 金属化孔

又称沉铜，目的是使孔内有铜。

沉铜药液是一种含铜离子和一些催化剂的复合盐溶液，通过加温和催化剂的作用使单质铜沉积在敷铜板的表面。

具体工作过程是，将钻完孔的单张双面板用夹具夹好，垂直放进药液槽内，夹具带着敷铜板在药液中来回运动，使药液多次充分流过孔内，使包括孔壁在内的敷铜板的所有表面都沉积上一层薄薄的铜。沉积的过程是不通电的，是单纯的物理过程。沉积的厚度很薄仅为几微米，所以，沉积过后还要再进行电镀，电镀的目的是增加孔壁的铜厚度。只有孔壁上沉积有铜后，通过电镀增加孔壁铜厚度的目的才能实现，如果沉铜不良，导致孔内无铜，以后所有的工序都不会再使该孔内有铜，所以金属化孔这一工序非常重要，直接关系到成品通断的正确与否。

5. 图形转移

双面板的图形转移与单面板的基本相同，不同之处在于，一是双面板是两面贴干膜或印液态干膜，单面板是一面。二是双面板走线多数都有一定密度，由于对位精度多比单面板要求高得多，所以很少有采用直接丝印图形的方法。三是双面板图形转移曝光使用阳图底片，图形转移的结果是需要腐蚀掉的空地部分贴着膜，需要保留的线条部分裸露出来，这样做的原因是因为双面板的后续工序与单面板的不同。

6. 图形电镀

图形转移后的双面板需要再进行电镀铜，由于只有线路部分是裸露的铜箔，所以只有线路部分才能镀得上铜，这样一来线路部分会加厚，可以增加线路的过电流能力。而需要腐蚀掉的空白部分，由于有膜的保护而镀不上铜，减小了腐蚀工序的工作量。镀完铜后，还要在铜线条上再镀一层铅锡，这层铅锡的作用是在之后的腐蚀时作为铜线路的保护层。

7. 蚀刻

与单面板蚀刻工艺的不同之处是，单面板是酸腐蚀，双面板是碱腐蚀，碱腐蚀液是一种碱性盐。在进行腐蚀前，要先将图形转移工序贴的保护膜去掉，保护膜是耐酸畏碱的，所以要用碱性溶液洗掉保护膜。然后再放入碱腐蚀液，腐蚀掉不需要的铜箔。而该保留的线路部分，由于有铅锡的保护不受影响。

与单面板的酸腐蚀机一样碱腐蚀也是一个有传送带的、有封闭空间的可喷溅药液的机器。腐蚀完毕，还需将线路表面的铅锡保护层去掉，同样是像酸腐蚀机一样的机器，不同的是内部的药液是专门用来退铅锡的专用复合药液，可腐蚀铅锡，而对铜没有影响。

8. 印阻焊

同单面板。

9. 热风整平

同单面板。

10. 丝印字符

同单面板。

11. 成型

同单面板。

12. 通断检测

同单面板。

13. 包装出厂

同单面板。

三、各种表面处理工艺简介

表面处理工艺有很多种，以上介绍的热风整平工艺只是其中一种，却是最普通、最通用的一种。热风整平的结果是焊盘表面是铅锡，铅锡的成分比例是铅 37%，锡 63%，与电路板成品焊接所用的铅锡成分比例完全相同，所以，这种表面处理工艺的可焊性最好。但由于铅是重金属，含铅的产品对环境污染很大，为此近年来，欧盟推出了旨在限制铅、镉、汞等重金属有害元素的 ROHS 标准，使电路板的含铅工艺受到了很大限制，由此产生出很多无铅表面处理方式。

1. 防氧化处理

传统的印制电路板保护一般是使用松香系涂层，即将松香改性树脂溶解于有机溶剂后，涂布、喷雾或浸渍在线路板上干燥形成一层树脂膜，以保护印制电路板不受氧化并保持一定的可焊性。然而由于该方法采用了各种有机溶剂，因此作业过程需要有良好的通风设施，而且挥发的有机溶剂也给大气环境造成污染。新一代的抗氧化剂系列是一种水溶性环保产品，可代替上述传统的印制电路板表面抗氧化处理工艺。

工作原理是将印制电路板浸在抗氧化剂液体中，抗氧化剂会有选择的在铜或铜合金表面反应并生成一种有机覆膜，该覆膜具有优良的抗氧化性并具有一定的可焊性。防氧化处理后的铜箔表面为砖红色。

2. 纯锡工艺

与传统热风整平工艺的加工流程完全一样，只是热风整平所用熔融状态的金属液体为纯锡。纯锡的熔点为 232℃，而 63:37 的锡铅合金熔点约为 185℃，所以纯锡工艺对电路板基材的要求较高一些，对焊接温度要求也较高。

3. 化学沉金

化学沉金的方法是一种纯化学的方法。通过置换反应，将铜箔表面的铜置换成金，金的稳定性要远超过铜，以此来达到防止金属表面氧化的目的。具体做法是将印完阻焊剂的电路板浸在金盐溶液中，完成对铜的置换反应。由于铜和金的不活动性，这种置换反应的过程缓慢，所以较好控制，铜表面很薄的一层铜箔被置换下来即可达到目的，置换多了成本要大大增加。即便如此，沉金工艺也要比普通工艺的电路板贵少许。沉金处理的铜箔表面是金黄色，耐磨性能也有所提高。

4. 化学沉银

与化学沉金方法完全一样，只是置换反应所用的盐溶液换成银盐溶液。沉银工艺历史很悠久，在现代制板工艺广泛采用热风整平工艺之前，为防止表面氧化就采取沉银的工艺，当时俗称浸银，成本较低。沉银处理的铜箔表面是银白色。

5. 电镀镍金

电镀镍金工艺是在图形电镀时线条镀厚铜后，镀镍金做碱腐蚀的保护层，腐蚀完成后，所镀镍金保留在铜箔表面，同时，也不再进行热风整平。镀镍金时是先镀一层镍再镀一层金，目的是更加耐磨。成品表面也是金黄色。

四、合理调整 CAD 文件规避可能的制板风险

不是每个制板厂的加工水平都一致，制板厂加工水平的高低与该厂设备的好坏，工人素质的高低、管理者水平的高低都有很大的关系，其中设备的好坏最关键。

电路板加工水平的提高，很大程度上是由于加工设备精度的提高。设备先进，价值就高，对于投资少规模小的制板厂来说，先期投入少、后期追加资金不足，造成设备陈旧更新缓慢，加工水平自然降低，不能加工一些密度高、很复杂的板，即使加工也不能保证质量。有些厂多层板都不能加工，甚至有些厂只能加工单面板。

但是，这些投资少规模小的制板厂的制板单价，相比于规模大的制板厂却低很多。如果电路板不太复杂，完全可以在这些小规模制板厂加工，这样既能保证质量，又能降低成本。

影响电路板板密度的因素有以下几点，一是原理图的复杂程度，二是板的大小，这两点是无法改变的，再一点就是布局的合理性，这一点可以通过设计者的努力来改进。只要布局合理，会减少很多不必要的折返线，缩短走线长度，减少过孔数量，以此达到降低密度的目的。密度降低了，就可以通过以下几个环节的调整来降低制板难度，从而降低制板成本。

1. 焊盘与孔的调整

钻孔是电路板设计者对电路板加工能做最多工作的环节。目前，国内各制板厂所使用的数控钻，既有进口的也有国产的，国产数控钻在速度和精度上要远低于进口数控钻，但是，国产数控钻的售价也低得多，所以一些小规模的制板厂都选用国产数控钻作为钻孔机。数控钻机在使用一段时间后，会产生一些磨损，使精度降低。小规模的制板厂在机器的维修维护方面投入有时会少一些，这就导致了小规模的制板厂钻孔的质量低。

主要体现在以下几点：

（1）孔位偏差

造成这种问题的原因，一方面是由于数控钻定位精度低所致，另一方面是图形转移的精度低所致。这种情形反映到成品板上就是孔不在焊盘正中，锡环一边大一边小，如果焊盘较小，孔甚至会偏出焊盘。如果孔偏出焊盘（行业术语叫"崩孔"），就是废品。

（2）太小的孔无法加工

这是由于数控钻的加工精度不够所致。孔太小时，由于低档数控钻主轴振摆幅度大，加工台面水平度不够高等因素的影响造成钻头极易折断，这就使这些低档数控钻无法加工太小的孔。

（3）孔壁粗糙

造成孔壁粗糙的原因是数控钻转速低，孔壁粗糙的后果是金属化孔不良。如果孔比较

大，这种影响很小，不会带来什么后果，但如果孔很小，孔壁粗糙会导致钻孔时吸尘不良和沉铜前清洗不良而使孔内有残渣，极易造成金属化孔不通。

这些问题降低了这些小规模的制板厂的钻孔加工水平。可以通过调整 CAD 文件来适合这些厂的制板能力，以达到降低成本的目的。

对于孔位偏差的缺陷，可以在设计时有意加大焊盘，这样，用稍低精度的数控钻加工时，孔位偏差的影响就不太明显。同时，图形转移时对位的精度要求也会降低。这样，成品板孔虽略有偏差，但不影响正常使用。因此在设计电路板时，应注意在间距允许的条件下，尽量加大焊盘尺寸。一般来说，焊盘尺寸最大加大到孔径的 3 倍就足够了。焊盘足够大也使焊接时不致因为过热而使焊盘脱落。

对于元件孔，可以按元件引脚的直径来确定元件孔的大小，进而再确定焊盘的大小。对于不插件的过孔，因为不插元件，所以不需考虑过孔孔径多大合适，为解决上述（2）、（3）中提到的问题，应尽量加大过孔的孔径。由于过孔不插件焊接，不会因过热而致过孔锡环脱落，所以过孔锡环可以略小一些，只要保证孔位的偏差不致崩孔即可。一般，过孔盘外径为 1.0～1.3mm，过孔孔径为 0.6～0.7mm 就差不多。

2. 线宽与线间距的调整

图形转移与蚀刻这两道工序是比较注意线宽与线间距的。线宽与线间距如果都很小，就要求图形转移所使用的干膜或液态干膜都是颗粒很细的。进口的产品颗粒较细，质量好一些，但价格偏高；国产的质量差一些，价格略低，对于不是很细的线和很小的间距是完全可以满足的，一般小厂为降低成本均使用国产膜。

另外，如果线宽与线间距足够大的话，采用丝印图形的工艺会更大程度地降低加工成本。

蚀刻时如果线宽与线间距太小，就要求仔细控制腐蚀时间，及时调整腐蚀机传送带的行进速度，以确保不过腐蚀或留有残铜，一旦过腐蚀，细线极易被腐蚀断，从而出现废品。所以，线宽和线间距太小，容易增加废品率。而线宽和线距如果足够大，就不存在这个问题。由于线宽较大，即使有一点侧腐蚀也不会降低多少线宽，腐蚀的却很完全，废品率也会大幅降低。一般，线宽与间距小于 10mil 就算较小的了。

所以在设计电路板时，要尽量加大线宽及间距，这样，在降低成本的同时还能提高可靠性。

3. 关于丝印字符的注意事项

（1）字符是丝网印刷上去的，由于制丝网版的要求，字符层的字和线条的线宽不能太小，否则，印出来容易有断道。线宽小于 8mil 时（mil 是英制单位毫英寸，1mil=0.0254mm），就容易产生断道现象。

（2）字符的高度尽量不要小于 35mil，字符高度较小时，字符线宽也不能太宽，否则，容易模糊一片，字迹不清。

（3）字符不能放在焊盘上，尤其是贴片焊盘。字符油墨在焊接时作用相当于阻焊剂，凡是有字符的地方是不能上锡的。所以，在 CAD 文件交付制板厂前，要仔细调整字符的位置，使字符尽量远离焊盘。

关于字符的调整，以上所说的三点中（1）和（2）不影响电路板的电气性能，但是如不作适当调整却会影响电路板的美观，同时增加焊接错误的几率，（3）也不影响电路板本身的电气性能，然而如不作适当调整却会影响可焊性，造成焊接不良危害更大。

项目一　直流稳压电源印制板设计

项目一的任务目标是利用电子 CAD 软件 Protel 99 SE 完成直流稳压电源电路图和印制板的绘制，直流稳压电源电路图如图 1-1 所示，表 1-1 是该电路图所有元器件的属性列表。

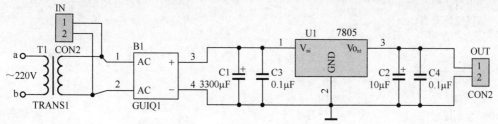

图 1-1　直流稳压电源电路

表 1-1　　　　　　　　　　　直流稳压电源电路元器件属性列表

LibRef	Designator	Comment	Footprint
TRANS1	T1		自制
CON2	IN、OUT		自制
自制	B1		自制
ELECTRO1	C1	3300μF	自制
ELECTRO1	C2	10μF	自制
Cap	C3、C4	0.1μF	自制
VOLTREG	U1	7805	自制

元器件库：Miscellaneous Devices.ddb

本项目重点是正确绘制和使用元器件符号，正确绘制原理图，通过确定变压器、二极管整流器、带散热片的三端稳压器、电解电容等元器件的封装，了解根据实际元器件确定封装参数的方法，学习根据信号流向进行布局的方法，学习根据飞线指示手工绘制单面板图的方法，利用多边形填充加大接地网络面积和利用矩形填充改变 90° 的方法，初步了解工艺文件的编写。

 项目描述

学习目标	任务分解	教学建议	课时计划
（1）了解绘制实际印制板图的流程和基本方法	① 印制板的设计流程 ② 流程图中每一步骤的作用	由教师介绍	1 学时

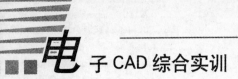

续表

学习目标	任务分解	教学建议	课时计划
(2) 掌握编辑原理图元器件符号的方法	① 根据图 1-1 在 Protel 系统自带的元器件库中查找元器件符号,确定需要绘制的符号; ② 新建元器件库文件; ③ 编辑元件符号	在教师的指导下完成原理图符号的查找和绘制任务	2 学时
(3) 掌握根据实际元器件确定封装参数的方法,掌握绘制元器件封装符号的方法	① 测量或根据元器件的封装数据确定所有元器件封装参数; ② 在 Protel 系统自带的元器件封装库中查找实际元器件中标准件的封装符号; ③ 新建元器件封装库文件; ④ 绘制其余封装符号	本项目难点之一。教师应选择一个典型元器件为例,详细介绍需要确定的元器件封装参数、测量方法,并指导学生完成绘制任务	6 学时
(4) 绘制原理图	① 新建原理图文件; ② 根据图 1-1 绘制原理图; ③ 所有元器件符号的封装属性都不能为空,均应为该元器件对应的封装名称	学生自己绘制为主,教师辅导为辅	2 学时
(5) 根据原理图产生网络表文件和元器件清单	① 根据原理图创建网络表文件; ② 根据原理图创建元器件清单	学生操作为主,教师辅导为辅	1 学时
(6) 根据工艺要求绘制印制板图	① 新建 PCB 文件; ② 根据要求绘制物理边界和电气边界; ③ 装入网络表; ④ 自动布局; ⑤ 根据原理图、信号流向和工艺要求调整布局; ⑥ 根据工艺要求设置布线规则; ⑦ 手工布线; ⑧ 放置标注与安装孔等	本项目难点之一。在教师指导下进行绘制。特别是布局和布线的内容,除了学会软件操作,重要的是要了解设计原则和掌握设计方法。 因为这是本教材的第一个练习,很多操作对后续项目起到规范性作用,教师应在每一步加以指导,使学生掌握正确的设计方法	4 学时
(7) 原理图与印制板图的一致性检查	① 根据 PCB 文件再创建一个网络表文件; ② 将两个网络表文件进行比较,确保印制板图与原理图一致	学生操作为主,教师辅导为辅	1 学时
(8) 编制工艺文件	① 工艺文件的概念; ② 编制本项目工艺文件	在教师指导下进行	1 学时

 项目分析

具体要求如下。

(1) 了解实际印制板图的设计流程。

(2) 新建一个名为"Project1.Ddb"的设计数据库,在"Project1.Ddb"设计数据库内新

建一个原理图元器件库文件,绘制整流器(硅桥)符号,要求元件名称为"GUIQ1",元器件默认编号为"B?"。

(3)根据实际元器件确定所有元器件的封装参数,在"Project1.Ddb"设计数据库内新建一个元器件封装库文件,绘制所有元器件的封装。

(4)在"Project1.Ddb"设计数据库内新建一个原理图文件,绘制电路原理图,要求每个元器件符号都要有标号和封装,且标号不能重复。

(5)根据原理图产生网络表文件和元器件清单。

(6)根据工艺要求绘制单面 PCB 图。

印制板图的具体要求如下。

① 印制板尺寸:宽为 88mm、高为 82mm,安装孔的位置详如图 1-64 所示。

② 绘制单面板。

③ 变压器的放置位置要使安装孔对其有支撑作用。

④ 三端稳压器 U1 要有散热片。

⑤ 隐藏所有元器件标注。

⑥ 因为是电源电路,铜箔导线要尽量宽,注意三端稳压器 7805 的最大输出电流值。

(7)原理图与印制板图的一致性检查。

(8)编制工艺文件。

将以上具体要求分别对应八个任务,通过后续任务的学习,最后完成该项目的任务目标。

任务一 印制板设计流程

如图 1-2 所示为设计 PCB 图的一般流程。

1. 编辑原理图元器件符号

在绘制原理图前,首先要绘制元器件库中没有的符号,如图 1-1 所示的二极管整流器 B1 的符号就需要自己绘制。

2. 确定并绘制元器件的封装

在进行实际 PCB 图设计时,所有封装都要根据实际元器件来确定,这是设计成功的关键一步,由于有些元器件在元器件封装库中没有合适的封装符号,必须自行绘制。

3. 绘制原理图

只有在原理图元器件符号和封装全部确定的情况下,才能设计出符合要求的原理图。

如果是通过装入网络表或根据原理图更新 PCB 图的方法设计印制板图,原理图元器件符号中的封装参数(Footprint)这一属性必须正确输入,决不可空缺。

4. 产生网络表文件

网络表是表示电路原理图或 PCB 中元器件连接关系的文本文件,是连接电路原理图与 PCB 图的桥梁。

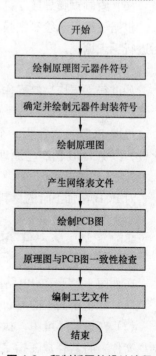

图 1-2 印制板图的设计流程

如果是通过在原理图中自动更新 PCB 图的方法设计印制板图，也可以不产生网络表文件。

但是网络表文件是检查电路时的一个比较方便的工具，建议读者不要跳过这一步骤。

5. 绘制 PCB 图

所有准备工作都进行完毕，才可以开始绘制 PCB 图，这一步中实际包含很多步骤。

（1）绘制物理边界、电气边界和放置安装孔

物理边界是 PCB 的实际尺寸，而电气边界是为了自动布局和布线用的。同时要根据工艺要求放置安装孔。

（2）装入元器件封装库和网络表

首先要将 PCB 图中需要的元器件封装库装入到 PCB 文件中，而后将原理图中的各种信息装入到 PCB 文件中，这就是装入网络表，所以原理图绘制的正确与否、是否标准非常关键。

如果是通过在原理图中自动更新PCB图的方法设计印制板图，在装入元器件封装库后，返回原理图做更新 PCB 图的操作。

（3）自动布局

利用系统提供的自动布局功能将元器件散开。也可以跳过这一步骤直接进行手工布局。

（4）手工调整布局

根据工艺要求调整元器件封装的位置。

（5）设置布线规则

根据工艺要求设置布线的各种规则。

（6）绘制铜膜导线

根据飞线指示绘制铜膜导线，可以是自动布线也可以是手工布线，还可以在自动布线后进行手工调整。

（7）进行其他编辑

如进行文字标注等操作。

6. 原理图与 PCB 图检查

根据 PCB 图再产生一个网络表文件，将原理图与 PCB 图产生的两个网络表文件进行比较，以免 PCB 图有与原理图不一致的地方。

7. 编制工艺文件

对 PCB 在加工时的材料选择、工艺要求等进行说明。

任务二 绘制原理图元器件符号

在如图 1-1 所示的电路图中，二极管整流器 B1 符号需自行绘制。

（1）双击桌面上的 Protel 99 SE 快捷图标进入 Protel 99 SE 设计环境。

（2）在设计环境中，执行菜单命令 File → New，创建一个名为 Project1.ddb 的设计数据库文件，将其存放在指定文件夹下，如图 1-3 所示。

（3）在 Project1.ddb 中执行菜单命令 File → New，在弹出的对话框中选择 Schematic

Library Document 图标，新建一个原理图元器件库文件 Schlib1.Lib。

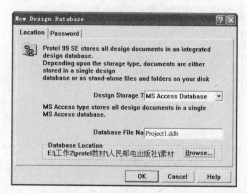

图 1-3　创建名为 Project1.ddb 的设计数据库文件

（4）按照如图 1-4 所示绘制二极管整流器符号，绘制完毕进行保存。

矩形轮廓：高为 5 格，宽为 5 格，栅格尺寸为 10mil（mil 为英制毫英寸，10mil 约为 0.254mm）。

引脚参数。

Name	Number	Electrical Type	Length
AC	1	Passive	30
AC	2	Passive	30
+	3	Passive	30
−	4	Passive	30

（5）绘制步骤。

绘制元器件符号时应注意，要在 Schlib1.Lib 十字界面的第 4 象限靠近中心的位置绘制。如图 1-4 所示，矩形左上角位于坐标原点处。

① 单击 SchLibDrawingTools 工具栏中的绘制矩形图标□，按照轮廓要求绘制符号中的矩形轮廓。

② 单击 SchLibDrawingTools 工具栏中的引脚图标⊿放置引脚，按 Tab 键在 Pin 属性对话框中按照要求进行设置引脚属性，在放置引脚时要注意引脚的极性问题，即将有电气节点一端方向向外。

③ 绘制完毕对元器件符号进行重命名。执行菜单命令 Tools → Rename Component，将元器件名称修改为 GUIQ1，如图 1-5 所示。

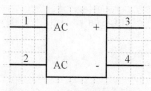

图 1-4　二极管整流器符号

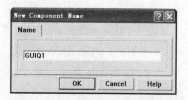

图 1-5　命名二极管整流器符号

④ 定义元器件属性。执行菜单命令 Tools → Description，弹出 Component Text Fields

对话框。在对话框中设置 Default Designator：B？（元器件默认编号）如图 1-6 所示。

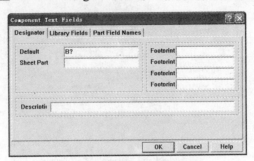

图 1-6　设置元器件默认编号

⑤ 单击主工具栏上的保存按钮，保存该元件符号。

至此，二极管整流器符号绘制完毕。

以上介绍的是绘制元器件符号的一般方法，后续项目中的元器件符号绘制可参考此步骤。

任务三　绘制元器件封装符号

设计 PCB 图最关键的是要正确绘制元器件的封装，使元器件放置在 PCB 上的位置准确、安装方便，而正确绘制元器件封装的前提就是根据实际元器件确定封装参数。

确定元器件封装参数的方法主要有两种，一种是根据生产厂商提供的元器件外观数据文件，另一种是对元器件进行实际测量。本书主要介绍通过实际测量来确定元器件封装参数的方法。

一、根据实际元器件确定封装参数的原则与方法

确定元器件封装最重要的原则是对于具有软引线的元器件，引脚最好直接插入焊盘孔中（如电容、三极管、二极管等），或经过简单操作即可直接插入焊盘孔中（如电阻），对于具有硬引线的元器件（如开关、蜂鸣器等），引脚间的距离与焊盘间的距离要完全一致。

元器件封装四要素如下。

① 元器件引脚间距离。

② 焊盘孔径（针对插接式元件）与焊盘直径。

③ 元器件轮廓。

④ 与元器件电路符号引脚之间的对应。

1. 元器件引脚间的距离

通过测量获得。

对于具有硬引线的元器件如开关、继电器等，引脚间的距离必须准确无误，如果元器件有定位孔，孔的位置也必须准确无误。

2. 焊盘孔径与焊盘直径

可通过测量获得，如图 1-7 所示。

（1）确定焊盘孔径

通过测量获得。

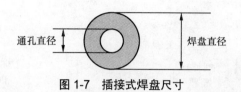

图 1-7　插接式焊盘尺寸

对于插接式元器件，元器件的引线孔钻在焊盘中心，孔径应该比所焊接的引线直径略大一些，才能方便地插装元器件；但孔径也不能太大，否则在焊接时不仅用锡多，而且容易因为元器件的晃动而造成虚焊，使焊点的机械强度变差。

元器件引线孔的直径应该比引线的直径大 0.1～0.2mm。

（2）确定焊盘外径

在单面板中。焊盘的外径一般应当比引线孔的直径大 1.3mm 以上，即如果焊盘的外径为 D，引线孔的孔径为 d，则

$$D \geqslant d + 1.3 \quad (\text{mm})$$

在高密度的单面板上，焊盘的最小直径可以为

$$D_{\min} = d + 1 \quad (\text{mm})$$

如果外径太小，焊盘容易在焊接时粘断或剥落，但外径也不能太大，否则生产时需要延长焊接时间，用锡量太多，增加成本，并且会影响 PCB 的布线密度。

在双面板中。由于焊锡在金属化孔内也形成浸润，提高了焊接的可靠性，所以焊盘的外径可以比单面板的略小一些。

$$\text{当 } d \leqslant 1mm \text{ 时，} D_{\min} \geqslant 2d$$

3. 元器件轮廓

元器件轮廓的尺寸不需要非常准确，但最好不小于实际轮廓在电路板上的投影尺寸。

4. 与元器件电路符号引脚之间的对应

元器件封装参数中除了机械尺寸要准确无误，与元器件电路符号引脚之间的对应也至关重要，是关系到电路能否正确工作的重要因素。

以电解电容为例。

图 1-9 中引脚 Number（引脚号）的值为 1，这是电解电容符号正极引脚的引脚号，它必须对应于图 1-11 中电解电容封装符号中正极的焊盘序号，即图 1-12 中 Designator 的值，所以在图 1-12 中 Designator 的值为 1。

如图 1-8～图 1-13 所示即为电解电容引脚和焊盘的对应关系。

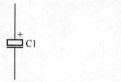

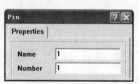
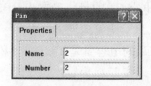

图 1-8　电解电容符号　　　图 1-9　电解电容正极引脚号　　　图 1-10　电解电容负极引脚号

因此在绘制实际元器件封装符号时，必须考虑元器件电气符号的引脚号，并根据实际元器件的引脚电气特性确定相应的引脚号和焊盘序号，这一点将在后续内容中通过实例进

行介绍。

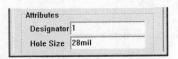
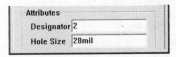

图 1-11　电解电容封装　　图 1-12　电解电容封装正极焊盘序号　　图 1-13　电解电容封装负极焊盘序号

二、电解电容 C1封装

C1 因为容量较大（3300μF），所以封装的尺寸也较大，如图 1-14 所示。

图 1-14　电解电容 C1

1. 实际测量参数

① 元器件引脚间距离约为 300mil。

② 引脚孔径小于 1.2mm。

③ 元器件轮廓，半径约为 7mm 的圆。

④ 与元器件电路符号引脚之间的对应。电解电容电路符号引脚情况如图 1-8～图 1-10 所示，所以正极焊盘的焊盘序号 Designator 的值为 1，负极焊盘的焊盘序号 Designator 的值为 2。

注：以上测量结果中的单位不同，是因为测量工具不同。用面包板测量时，因为两个孔之间的距离为 100mil，所以得到的结果都是 100mil 的整数倍；引脚孔径和轮廓等参数是使用卡尺测量的，所以读出的数据单位是 mm。后续内容中各元器件封装的测量同理，不再赘述。

2. 电解电容 C1 封装参数确定

将以上各参数换算为英制（1mil = 0.0254mm），可以看出这些参数比较符合系统在元器件封装库 Advpcb.ddb 中提供的电解电容封装 RB.3/.6，关键是引脚间距离一致。因此，电解电容 C1 的封装确定为 RB.3/.6（见图 1-15）。

三、电解电容 C2封装

C2 的电容量是 10μF，体积比 C1 小，所以各个尺寸也比 C1 小。如图 1-16 所示。

1. 实际测量参数

① 元器件引脚间距离约为 200mil。

② 引脚孔径小于 1.0mm，则焊盘直径大于 2.3mm。

③ 元器件轮廓，半径大约为小于 4mm 的圆。

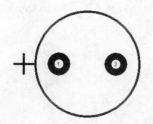

图 1-15 电解电容 C1 封装 RB.3/.6

图 1-16 电解电容 C2

④ 与元器件电路符号引脚之间的对应。

电解电容电路符号引脚情况如图 1-8～图 1-10 所示，所以正极焊盘的焊盘序号 Designator 的值为 1，负极焊盘的焊盘序号 Designator 的值为 2。

2. 电解电容 C2 封装参数确定

将以上各参数换算为英制，则电容 C2 的封装参数。

① 元器件引脚间距离为 200mil。

② 引脚孔径为 39mil，则焊盘直径为 100mil。

③ 元器件轮廓，半径为 150mil 的圆。

如图 1-17 所示为绘制的电解电容 C2 封装。

3. 绘制电解电容 C2 封装符号

这是本书绘制的第一个元器件封装符号，因此比较详细地介绍了操作步骤。

(1) 在 Project1.ddb 设计数据库中新建一个 PCB 封装库文件。

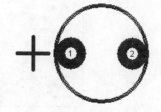

图 1-17 电解电容 C2 封装

打开 Project1.ddb 设计数据库，执行菜单命令 File → New，在弹出的新建文件对话框中选择 PCB Library Document（PCB 库文件）图标，则建立了一个 PCB 封装库文件。

(2) 按照如图 1-17 所示的绘制电解电容 C2 封装符号，封装符号参数如下。

① 元器件引脚间距离为 200mil。

② 焊盘孔径为 39mil，焊盘直径为 100mil。

③ 元器件轮廓，半径为 150mil。

(3) 操作步骤。

打开新建的 PCB 封装库文件，系统已建立并打开了一个绘制封装符号的十字画面，直接在该画面进行绘制即可。

为了使绘制的封装图形准确，在绘制前应根据图形情况设置锁定栅格（或称栅格步距）Snap 的值。设置方法是在 PCB 封装库文件中单击主工具栏的 ⊞ 图标，在弹出的 Snap Grid 对话框中直接输入所需的数值。

① 放置焊盘。

执行菜单命令 Place → Pad，或单击 PlacementTools 放置工具栏中的放置焊盘图标 ◉，光标变成十字形，并带有一个焊盘；

按 Tab 键，系统弹出焊盘属性对话框，按照封装参数要求在对话框中设置 1#焊盘有关参数。

焊盘序号 Designator：1。

焊盘孔径 Hole Size：39mil。

焊盘直径 X-Size，Y-Size：均为 100mil。

工作层：MultiLayer。

如图 1-18 所示。

设置完毕单击【Ok】按钮，在十字画面中心处（坐标值 0，0）单击，放置 1#焊盘。

在距原点水平方向向右 200mil（焊盘间距）的位置单击，放置 2#焊盘，此时的画面应如图 1-19 所示。

图 1-18　1#焊盘属性设置

图 1-19　放置好的焊盘

② 绘制轮廓线。

单击屏幕下方的 TopOverLay 标签，将当前工作层设置为顶层丝印层。

单击放置工具栏中的绘制整圆图标 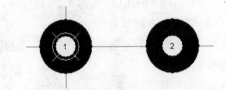，在坐标为（100mil，0）（两个焊盘中间）的位置单击，确定圆心，移动鼠标，当屏幕上出现一个圆时再单击，则可绘制圆，此时右击，退出绘制状态。

双击刚绘制好的圆，在属性对话框中设置圆的半径 Radius 为 150mil，如图 1-20 所示。

③ 设置封装符号参考点。

执行菜单命令 Edit → Set Reference → Pin1，选择第一引脚为参考点。参考点的意义是在对该元件封装进行放置、复制、粘贴、移动等操作时，以选择的参考点为中心，如果选择第一引脚则是以 1#焊盘的中心为基准点，即十字光标的中心在 1#焊盘处。

④ 元件封装重命名。

单击屏幕左边的 PCB 元器件封装库管理器中的【Rename】按钮，弹出元器件封装重命名对话框，为该元器件封装重新命名，如图 1-21 所示。

⑤ 单击【保存】按钮，保存。

以上是绘制一个新元器件封装符号的操作步骤，以后会多次需要绘制新元器件封装符号，请参考本节的内容进行绘制，具体操作步骤不再赘述。

图 1-20 设置圆的半径

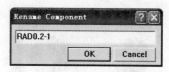

图 1-21 元器件封装重命名

四、无极性电容 C3、C4封装

无极性电容 C3、C4 如图 1-22 所示。

（a）无极性电容实物

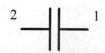

（b）无极性电容符号

图 1-22 无极性电容 C3、C4

1. 实际测量参数

① 元器件引脚间的距离约为 200mil。

② 引脚孔径小于 0.8mm，则焊盘直径确定为大于 2.1mm。

③ 元器件轮廓为矩形。

④ 与元器件电路符号引脚之间的对应。

图 1-22（b）所示是无极性电容的电路符号，"1"和"2"分别是两个引脚的引脚号，因此在封装符号中两个引脚的焊盘序号 Designator 应分别为 1 和 2。

2. C3、C4 封装参数的确定

将以上各参数换算为英制，则电容 C3、C4 的封装参数如下。

① 元器件引脚间的距离为 200mil。

② 引脚孔径为 31mil，则焊盘直径为 80mil。

③ 元器件轮廓为矩形。

以上参数与系统提供的电容封装 RAD0.2 的参数很近似，所以 C3、C4 可以采用系统在元器件封装库 Advpcb.ddb 中提供的电容封装 RAD0.2，只是将孔径改为 31mil，焊盘直径改为 80mil 即可。如图 1-23 所示为电容 C3、C4 的封装。

五、二极管整流器 B1 的封装

图 1-24 所示为实际的二极管整流器，其引脚功能分别为中间两个引脚是交流输入，两端是直流输出，位于斜角边的引脚是直流"+"输出。

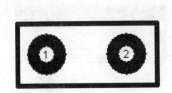

图 1-23　无极性电容 C3、C4 封装符号

图 1-24　二极管整流器 B1

二极管整流器的封装一般都能从系统提供的元器件封装库 International Rectifiers.ddb 中找到相应的封装符号，只是要特别注意引脚的顺序、焊盘的大小和孔径。

因为元器件封装中最关键的尺寸是引脚间距，只要引脚间距合适，一般均可利用系统提供的封装符号进行修改。

在使用系统提供的封装符号时应特别注意，焊盘孔径和焊盘直径这两个参数一定要根据实际元器件引脚的尺寸确定。后续章节中还会遇到类似问题，不再赘述。

1. 实际测量参数

① 元器件引脚间的距离约为 3.8mm（150mil）。

② 引脚孔径约为 1.2mm（47mil），则焊盘直径大约应为 2.5mm（100mil）。

③ 元器件轮廓为矩形。

将以上参数换算为英制，可以看出其英制参数与系统在元器件封装库 International Rectifiers.ddb 中提供的整流器（硅桥）封装 D-44 参数基本一致（关键是引脚间的距离一致），因此对 D-44 封装稍加改造即可使用。

图 1-25 所示为 D-44 整流器封装符号。

图 1-25　D-44 整流器封装符号

2. D-44 整流器封装符号焊盘参数修改

① 焊盘间距为 150mil（无需修改）。

② 焊盘孔径为 40mil（应改为 47mil）。

③ 焊盘直径为 X 方向 80mil，Y 方向 160mil（两个方向均应改为 100mil）。

④ 引脚排列。在图 1-24 中从左向右引脚的依次排列

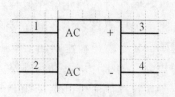

为直流"–"输出、交流输入、交流输入、直流"+"输出，与图 1-25 所示的 D-44 的引脚排列一致。

⑤ 与元器件电路符号引脚之间的对应。

如图 1-26 所示为二极管整流器的电路符号。

图 1-26 二极管整流器电路符号

从电路符号中可以看出，各引脚的参数如下。

名称	编号
AC	1
AC	2
+	3
–	4

其中与焊盘序号相对应的引脚号分别是 1、2、3、4，而图 1-25 所示的 D-44 中的焊盘序号分别为–、AC1、AC2、+，焊盘序号与引脚号的表示方法不一致，必须修改。

修改方法是将 D-44 的焊盘序号从左向右分别改为 4、2、1、3。

3. 修改后的二极管整流器封装符号

修改后的二极管整流器封装符号如图 1-27 所示。

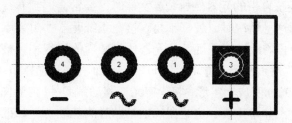

图 1-27 修改后的二极管整流器封装符号

图 1-27 中元件轮廓右侧的双线表示斜角位置。

4. 绘制二极管整流器封装符号

在"三、电解电容 C2 封装"中介绍了在新建的 PCB 封装库文件中绘制一个新元器件封装的方法，本例中将重点介绍以下三方面的内容。

一是在 PCB 封装库文件中建立新画面。PCB 封装库文件是一个画面对应一个元器件封装，初学者很容易一个文件只绘制一个封装，在绘制另一个封装时再新建一个 PCB 封装库文件，这样完全没有必要而且不便于管理。本例将介绍在同一个 PCB 封装库文件中建立新画面绘制新符号的方法。二是打开系统提供的封装库文件，将其中的封装符号复制到自己建的 PCB 封装库文件中的方法。三是继续介绍封装符号的编辑方法。

（1）在自己建的 PCB 封装库文件中建立一个新画面。

打开在"三、电解电容 C2 封装"中建立的 PCB 封装库文件，调到已经绘制好的元器件封装符号画面，在屏幕左侧的 PCB 元器件封装库管理器窗口中单击【Add】按钮，

弹出绘制向导 Component Wizard 对话框，在对话框中单击【Cancel】按钮，则可建立一个新画面。

新画面对应的元器件封装名是系统的默认名"PCBCOMPONENT_1"，其中 1 是序号，如果前面已有该名称，则序号递增。单击屏幕左侧的新画面默认名称，使屏幕右侧显示新建画面，重新在新建画面上单击，使焦点回到新建画面，再利用【Page Up】、【Page Down】键放大（缩小）屏幕直到栅格大小显示合适。

执行菜单命令 Edit → Jump → Reference，则光标直接跳到坐标原点处，至此完成了一个新画面的建立。

（2）打开系统提供的二极管整流器封装符号。

据前所述，二极管整流器封装符号需根据系统提供的封装库 International Rectifiers.ddb 中的 D-44 进行修改，所以首先要打开 D-44 所在的画面。

打开系统提供的封装库的方法有很多种，这里只介绍一种方法。

在"（1）"中建立的新画面状态下单击【打开】按钮→在弹出的 Open design Database 对话框中在 C:\Program Files\Design Explorer 99 SE\Library\Pcb\Generic Footprints 的路径下选择 International Rectifiers.ddb，单击【打开】按钮→在 International Rectifiers.ddb 文件中双击 International Rectifiers.lib 图标，打开该封装库→在屏幕左边的管理器窗口选择 D-44 则在右侧的编辑窗口显示 D-44 封装图形，如图 1-25 所示。

（3）将 D-44 封装图形复制到自己建的封装库文件中。

在使用 Protel 系统自带的元器件封装库文件时，经常会遇到有些符号不太符合要求，需要进行修改。遇到这种情况时，最好不要直接在系统元器件封装库中修改，要将符号复制到自己的库文件中再修改，以保证系统元器件封装库的原貌和完整。

在 D-44 封装图形界面执行菜单命令 Edit → Select → All 选择 D-44 封装图形，执行菜单命令 Edit → Copy 光标变成十字形，将十字光标移动到 D-44 封装图形上单击（最好在坐标原点处单击，这一点非常重要，这是在确定粘贴时的基准点，如果没有执行这一操作，则粘贴不能正常进行）。

单击主工具栏中的取消选择状态图标 ，取消对 D-44 封装图形的选择状态 → 关闭 International Rectifiers.ddb 文件，在弹出询问是否对变化进行保存时，单击【No】按钮。

回到自己的封装库文件新建画面中，单击主工具栏中的粘贴图标 ，将符号粘贴到新建画面中，最好将基准点放在坐标原点处。

粘贴后单击主工具栏中的取消选择状态图标 ，取消选择状态。

注意：如果坐标原点不显示原点标志，可按下述方法操作显示坐标原点标志。

执行菜单命令 Tools → Preferences，在弹出的 Preferences 对话框中选择 Display 选项卡，选择 Origin Marker 即可。

（4）修改 D-44 封装符号。

按以下参数修改 D-44 封装符号。

① 焊盘间距为 150mil。

② 焊盘孔径为 47mil。

③ 焊盘直径，X 方向为 100mil，Y 方向为 100mil。

④ 焊盘序号 Designator，按下表进行修改。

D-44 的 Designator	修改后的 Designator	修改后的 Shape（形状）
+	3	Rectangle
~	1	Round
~	2	Round
–	4	Round

双击"+"焊盘，在焊盘的属性对话框中按照以上要求进行设置，如图 1-28 所示。

依次双击焊盘，按照以上的参数分别进行设置。

⑤ 在元件轮廓中靠近"+"极附近再绘制一条垂直线以表示斜角的位置。

单击屏幕下方的 TopOverLay 标签，将当前层设置为顶层丝印层。

在 3#焊盘靠近矩形边界一侧绘制一条垂直线，表示斜角。

绘制完成的二极管整流器封装符号如图 1-27 所示。

（5）执行菜单命令 Edit → Set Reference → Location，单击 3#焊盘的中心作为封装的参考点。

（6）单击 PCB 元件封装库管理器中的【Rename】按钮，对封装符号进行重命名。

（7）单击【保存】按钮，保存。

按照以上介绍的方法，分别绘制本项目中其他需要绘制的封装符号。

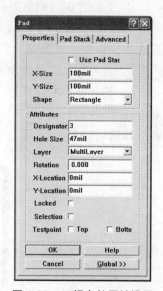

图 1-28　3#焊盘的属性设置

将系统提供的封装符号复制到自己建的 PCB 封装库文件进行修改的内容，在以后会多次出现，请参考本节的内容进行操作，具体操作步骤不再赘述。

六、IN、OUT 连接器封装

IN、OUT 连接器采用 3.96mm 两针连接器，如图 1-29 所示。

3.96mm 两针连接器是标准件，封装符号可以在系统提供的 3.96mm Connectors.ddb 元器件封装库中找到，如图 1-30 所示即为系统提供的 3.96mm 两针连接器封装 MT6CON2V。

图 1-29　3.96mm 两针连接器

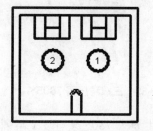

图 1-30　MT6CON2V 封装符号

在保持两个焊盘间距不变的情况下，对这一符号稍加修改即可使用。

1. 实际测量参数

① 元器件引脚间的距离：无需测量。

② 引脚孔径约为 1.6mm（63mil），则焊盘直径应大约为 2.8mm（110mil）。

③ 元器件轮廓为矩形。

④ 与元器件电路符号引脚之间的对应：焊盘序号应分别为 1、2。

2. MT6CON2V 封装符号参数修改

① 元器件引脚间的距离为 156mil（无需修改）。

② 引脚孔径为 1.5mm（约为 59mil）应改为 63mil，焊盘直径为 2.2mm（约为 85mil），应改为 110mil，将 1#焊盘设置为矩形 Rectangle。

③ 元器件轮廓可改为矩形。

④ 与元器件电路符号引脚之间的对应：焊盘序号分别为 1、2。

3. 修改后的 IN、OUT 连接器封装符号

修改后的 IN、OUT 连接器封装如图 1-31 所示。

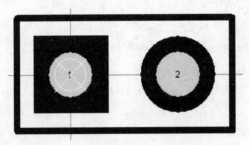

图 1-31　修改后的 IN、OUT 连接器封装符号

七、三端稳压器7805封装

三端稳压器 7805 如图 1-32 所示。根据生产厂商提供的封装可知，7805 的封装是 TO—220，这一封装已在系统提供的元器件封装库文件 Advpcb.ddb 中存在，如图 1-33 所示。

图 1-32　三端稳压器 7805

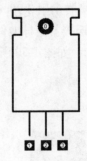

图 1-33　TO—220 封装符号

但是本项目中要求 7805 装有 YA 系列散热片，如图 1-34 所示，左侧是 YA 系列散热片，右侧是装有 YA 系列散热片的 7805。从图 1-34 中可以看出，YA 系列散热片体积较大，因此占用的空间大，而且还有两个定位孔。显然图 1-33 所示的 TO—220 封装不符合要求。

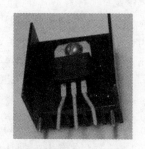

图 1-34 装有散热片的 7805

1. 实际测量参数

① 元器件轮廓。

从图 1-34 中可以看出，装有散热片的 7805 稳压器在 PCB 上的投影是矩形，但在装有 7805 一侧中间是凹陷的，测量元器件轮廓时应注意要确定矩形整体的长和宽。

测量结果。长约为 24mm，宽约为 16mm，确定长为 24mm，宽为 17mm。

② 元器件引脚间距离。

从图 1-34 中可以看出，由于散热片较大，为了保证 7805 稳压器焊接在 PCB 上更加稳固，在元件引脚允许的范围内，将两侧的引脚分别向外分开一定的距离。

测量结果如图 1-35 所示，图 1-35 中的单位是 mm。

③ 引脚孔径约为 1.2mm。

④ 定位孔位置确定。

测量时是以 7805 三个引脚的中间引脚为基准，测量结果如图 1-35 所示。

⑤ 定位孔孔径约为 1.5mm。

注意：在图 1-35 中的大多数尺寸标注是以中间焊盘的圆心为基准。

⑥ 与元器件电路符号引脚之间的对应。

图 1-36 所示是稳压器的电路符号，电路符号中引脚的顺序与实际元器件完全对应，即在图 1-32 中从正面看稳压器的引脚顺序为 1 输入端、2 接地端、3 输出端，散热片上的螺钉是要接地的，所以定位孔的焊盘号也应是 2，与接地端相连，如图 1-38 所示。

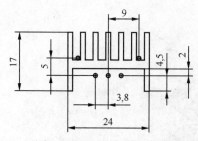

图 1-35 装有 YA 系列散热片 7805 的封装尺寸

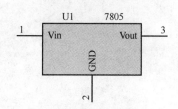

图 1-36 7805 电路符号

2. 绘制装有 YA 系列散热片的 7805 封装符号

在自己建的 PCB 封装库中再新建一个画面，进行该封装符号的绘制。

元器件轮廓尺寸参见图 1-35，在 PCB 封装库文件中的 TopOverLay 工作层绘制。

引脚焊盘尺寸如下。

- 孔径为 1.2mm（换算为英制是 47mil）。
- 焊盘 X 方向的直径为 2.54mm（换算为英制是 100mil）。
- 焊盘 Y 方向的直径为 3.5mm（换算为英制是 138mil）。

焊盘号：7805 的 3 个引脚从左向右依次为 1、2、3，定位孔的焊盘号都是 2。

定位孔尺寸。

- 孔径为 1.5mm（换算为英制是 59mil）。
- 焊盘直径约为 3.8mm（换算为英制是 150mil）。

在这个封装符号中定位孔是用放置焊盘的方法放置的。如图 1-37 所示是作为定位孔的焊盘属性设置，其中焊盘的中心位置 X-Location、Y-Location，应严格按照定位孔的位置并根据 PCB 封装库文件的坐标原点进行设置。

绘制完成的 7805 封装符号如图 1-38 所示。

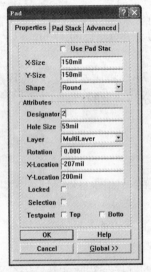

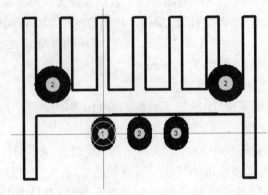

图 1-37　作为安装孔的焊盘属性设置　　　　图 1-38　绘制完成的 7805 封装符号

八、变压器封装

变压器如图 1-39 所示。

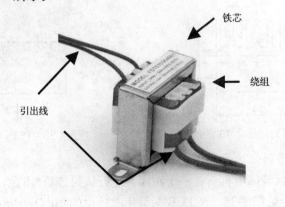

图 1-39　变压器

从图 1-39 中可以看出，变压器的输入、输出端均通过引出线引出，而引出线较粗不易折弯，因此焊盘位置不能距离变压器轮廓太近，要方便引出线的焊接；变压器的铁芯上面有两个定位孔，定位孔的位置应该很准确，孔径也应该足够大；变压器所占空间较大，测量所占空间时，不仅要考虑铁芯的大小，还要考虑绕组所占的空间，这是在测量变压器轮廓时要特别注意的。

1. 实际测量参数

① 元器件轮廓。

如前所述，变压器的轮廓包括两部分：铁芯和绕组，应分别测量。

铁芯轮廓的测量。从图 1-39 中可以看出，铁芯轮廓的投影是矩形，具体参数是长不大于 76mm，宽不大于 26mm。

绕组轮廓测量。从图 1-39 中可以看出，绕组轮廓的投影是矩形，具体参数是铁芯长边方向绕组轮廓的长度不大于 40mm，铁芯窄边方向绕组轮廓的长度不大于 42mm。

② 变压器定位孔位置的确定。

通过测量可知，变压器定位孔位置如图 1-40 所示，孔中心距铁芯上侧边距离是 8mm，孔径小于 3.5mm。

③ 元器件引脚间的距离。

这种变压器不是有引脚直接焊接在电路板上的，是通过引出线焊接或连接在输入、输出元件上。所以如果焊接，焊点的位置要合适，不能压在变压器下面，也不能离引出线太远。

引出线焊盘中心与封装符号中心的距离如图 1-40 所示为 27mm，两个焊盘的中心距是 9mm。

④ 引脚孔径小于 1.3mm。

注意，测量引脚孔径时，要剥去引出线外皮，测量引出线线芯的直径。孔径不要太大，最好带着外皮的引出线不能穿过焊盘孔。

⑤ 与元器件电路图形符号引脚之间的对应。

如图 1-41 所示，变压器电路图形符号中各引脚号分别是输入端为 1、3，输出端为 2、4，因此对应变压器封装符号中的焊盘号也是输入端为 1、3，输出端为 2、4。在图 1-39 中，引出线较粗的一端是输入端，引出线较细的一端是输出端。

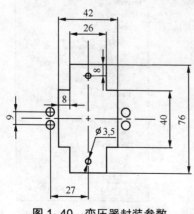

图 1-40　变压器封装参数

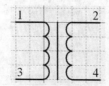

图 1-41　变压器电路图形符号的引脚号

2. 绘制变压器封装符号

在 PCB 封装库中新建一个画面，绘制变压器封装符号。按"三、电解电容 C2 封装"中介绍的方法，绘制变压器封装符号。

焊盘尺寸。

输入端焊盘孔径为 1.27mm（换算为英制是 50mil）。

输入端焊盘直径。X 方向确定为 5.08mm（换算为英制是 200mil）；Y 方向确定为 3.81mm（换算为英制是 150mil）。

由于输入端输入的是 220V 的交流信号，所以在有条件的情况下，应使焊盘的面积尽量大。又因为两个焊盘之间的距离较近，所以将焊盘设计为椭圆形，在水平方向直径较大。

输出端焊盘孔径为 1.27mm（换算为英制是 50mil）。

输出端焊盘直径。X 方向确定为 2.8mm（换算为英制约为 110mil）；Y 方向确定为 2.8mm（换算为英制是 110mil）。

焊盘号。在图 1-44 中，左侧是输入端，焊盘号分别为 1、3，右侧是输出端，焊盘号分别为 2、4。

定位孔的尺寸。

孔径确定为 3.5mm（换算为英制大约为 138mil）。

定位孔通过放置过孔实现。定位孔的绘制分为两个步骤，一是放置过孔，二是在过孔外绘制一个轮廓。下面介绍定位孔的绘制方法。

单击 PCB 封装库文件 PCBLibPlacementTools 工具栏中的放置过孔图标，按【Tab】键在弹出的 Via 属性对话框中按图 1-42 所示设置过孔外径 Diameter、过孔孔径 Hole Size、过孔开始工作层 Start Layer 和终止工作层 End Layer 属性。

图 1-42 中的过孔中心位置 X-Location、Y-Location，应严格按照定位孔的位置并根据 PCB 封装库文件的坐标原点进行设置。

将 PCB 封装库的当前工作层设置为 TopOverLayer，单击 PCBLibPlacementTools 工具栏中的绘制圆图标，在过孔的外面绘制一个半径为 69mil 的同心圆，圆的线宽 Width、工作层 Layer、半径 Radius 属性设置如图 1-43 所示。

图 1-42　Via 属性对话框

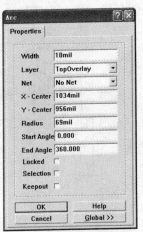

图 1-43　圆的属性对话框

按照以上参数绘制的变压器封装符号如图 1-44 所示。

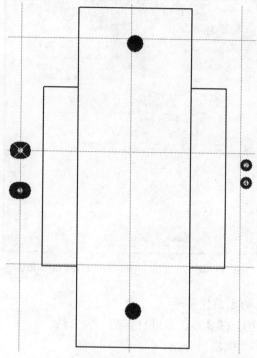

图 1- 44　绘制完成的变压器封装符号

任务四　绘制原理图

一、新建原理图文件

在 Project1.ddb 设计数据库中执行菜单命令 File → New，弹出 New Document 对话框，在对话框中选择 Schematic Document 图标，新建一个原理图文件。

二、加载元器件库

如果要使用元器件库中的元器件符号，首先要将元器件符号所在的元器件库加载到原理图文件中，根据表 1-1 所示，图 1-1 中所需的元器件库只有分立元件库 Miscellaneous Devices.ddb。一般情况下，新建一个原理图文件并将其打开后，Miscellaneous Devices.ddb 已默认加载，如果没有加载，可以在原理图文件左侧管理器窗口中单击【Add/Remove】按钮，在弹出的 Change LibraryFileList 对话框中在 C:\Program Files\Design Explorer 99 SE\Library\Sch\的路径选择 Miscellaneous Devices.ddb，如图 1-45 所示，单击对话框中的【Add】按钮后关闭该对话框，将其加载到原理图中。

三、放置元器件

根据表 1-1 的元器件属性列表放置元器件。

注意：在表 1-1 中没有封装 Footprint 的参数，每个元器件符号的封装参数 Footprint 可根据"任务三"中确定的封装名进行设置。

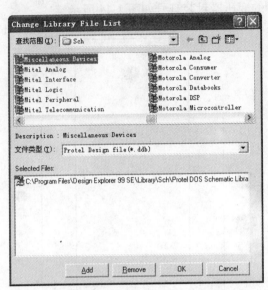

图 1-45　加载 Miscellaneous Devices.ddb

1. 放置元器件库中的元器件符号

放置元器件符号的方法有多种，这里只介绍一种方法。

以放置电解电容 C1 为例进行介绍。

C1 的属性列表。

LibRef	Designator	Comment	Footprint
ELECTRO1	C1	3300u	RB.3/.6

从表中可以看出 C1 的元件名为 ELECTRO1。

在原理图文件界面左边管理器窗口的元器件库文件列表中选择 Miscellaneous Devices.Lib，在元器件符号过滤框中输入 E*，按【Enter】键，则在下面的元器件列表中列出全部以 E 开头的元器件名，如图 1-46 所示。

在元器件列表中选择 ELECTRO1，单击图 1-46 中的【Place】按钮，则 ELECTRO1 元件符号会粘在十字光标上随光标移动。

按【Tab】键，弹出 ELECTRO1 元器件属性对话框，按照属性列表中的参数进行设置，如图 1-47 所示。

在图 1-47 中电解电容 C1 封装 Footprint 的属性值是 RB.3/.6，这是在"任务三"中确定的。特别要指出的是，对于本书中涉及到的所有原理图，每个元器件符号都要有封装，切不可为空，否则在绘制 PCB 图装入网络表时会提示错误，不能继续后面的操作。

设置完毕，单击【OK】按钮关闭属性对话框，一个处于浮动状态的电解电容符号就会随光标一起移动，此时可按【Space】键旋转元件符号方向，也可按【X】键或【Y】键对元件符号进行水平或垂直翻转，直到元件符号符合要求，在适当位置单击即可放置 C1，其他元器件符号可按此方法继续进行放置。

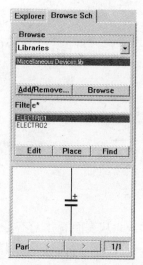

图 1-46 显示以 e 开头的所有元器件名称　图 1-47 C1 的属性设置

2. 放置自己绘制的元器件符号——二极管整流器

放置自己绘制的元器件符号也有多种方法，本例只介绍一种简单的方法。

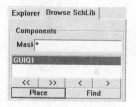

图 1-48 在原理图元器件库中单击【Place】按钮

在 Project1.ddb 中打开原理图文件的同时，再打开自己建的原理图元器件库文件，调到二极管整流器符号画面，在原理图元器件库文件左边管理器窗口单击【Place】按钮，如图 1-48 所示，此时系统自动切换到打开的原理图界面，并有一个二极管整流器符号粘在光标上，按【Tab】键，进行属性设置，而后进行放置即可。

四、绘制导线

1. 正确绘制导线

导线是有电气意义的连线，不同于一般的连线，在 Protel 软件中有专门的工具来进行绘制。

单击 Wiring Tools 工具栏中的绘制导线图标≈，进行绘制。

2. 几种错误连接方式

在绘制导线过程中，要非常注意导线的起点和终点，即始于元器件符号引脚的端点或另一导线的端点，止于元器件符号引脚的端点或另一导线的端点，如图 1-49 所示是正确连接导线示意。

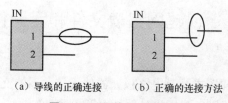

（a）导线的正确连接　　（b）正确的连接方法

图 1-49 导线的正确绘制

图 1-50 所示为错误绘制导线的一种情况。

在图 1-50 (a) 中元器件符号引脚与导线的连接处出现了多余节点，这是因为在绘制导线时导线与元件引脚发生了重合，如图 1-50 (b) 所示，在绘制过程中不应有任何一处连接发生重合现象。

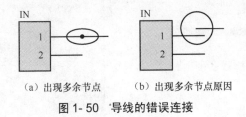

　　　（a）出现多余节点　　　（b）出现多余节点原因

图 1- 50　导线的错误连接

图 1-51 (a) 所示为两个元器件引脚直接相连的情况，从表面看并无不妥之处，但实际上两个引脚之间没有真正连接，如图 1-51 (b) 所示，引脚发生重合，两个引脚的端点没有连在一起，这一点在绘制原理图时要特别注意。

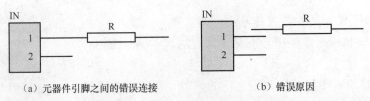

　（a）元器件引脚之间的错误连接　　　　　　（b）错误原因

图 1- 51　元器件引脚之间的错误连接

以上内容在后续的项目中同样可能遇到，不再赘述。

五、放置接地符号

单击 Wiring Tools 工具栏中的 ⏚ 图标，此时光标变成十字形，电源/接地符号处于浮动状态与光标一起移动，按【Tab】键，弹出电源/接地符号属性对话框，按如图 1-52 所示进行设置，设置完毕后，单击【Ok】按钮，此时可按【Space】键旋转、按【X】键水平翻转或【Y】键垂直翻转，单击即可放置一个接地符号，然后右击退出放置状态。

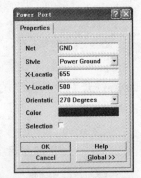

图 1- 52　接地符号的属性设置

在图 1-52 中，接地符号的属性设置应注意 Net 的值在 Protel 软件中一定要输入 GND，在符号显示类型 Style 中，可选择 Power Ground。

至此，一个完整的电路图绘制完毕。

任务五　创建网络表文件和元器件清单

一、创建网络表文件

网络表是表示电路原理图或印制电路板元器件连接关系的文本文件，是原理图设计软件 Advanced Schematic 和印制电路板设计软件 PCB 的接口。

网络表文件的主文件名与电路图的主文件名相同，扩展名为.NET。

网络表的作用如下。

（1）可用于 PCB 的自动布局、自动布线和电路模拟程序。

（2）可以检查两个电路原理图或电路原理图与 PCB 图之间是否一致。

打开原理图文件，执行菜单命令 Design → Create Netlist，弹出 Netlist Creation 网络表设置对话框，由于本项目涉及的是单张原理图，所以在对话框的 Sheets to Netlist 选项中选择 Active Sheet 选项，即只对当前打开的电路图文件产生网络表，其余采用默认设置即可，如图 1-53 所示。

产生的网络表内容如图 1-54 所示。

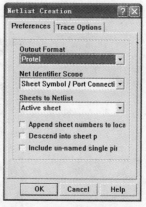

图 1-53　创建网络表文件对话框

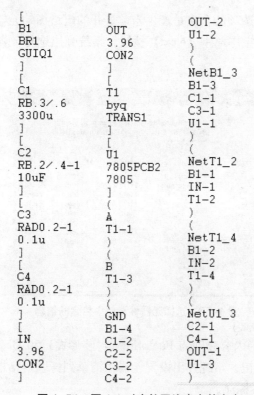

```
[                [                OUT-2
B1               OUT              U1-2
BR1              3.96             )
GUIQ1            CON2             (
]                ]                NetB1_3
[                [                B1-3
C1               T1               C1-1
RB.3/.6          byq              C3-1
3300u            TRANS1           U1-1
]                ]                )
[                [                (
C2               U1               NetT1_2
RB.2/.4-1        7805PCB2         B1-1
10uF             7805             IN-1
]                (                T1-2
[                A                )
C3               T1-1             (
RAD0.2-1         )                NetT1_4
0.1u             (                B1-2
]                B                IN-2
[                T1-3             T1-4
C4               )                )
RAD0.2-1         (                (
0.1u             GND              NetU1_3
]                B1-4             C2-1
[                C1-2             C4-1
IN               C2-2             OUT-1
3.96             C3-2             U1-3
CON2             C4-2             )
]
```

图 1-54　图 1-1 对应的网络表文件内容

二、产生元器件清单

元器件清单主要用于整理一个电路或一个项目中的所有元器件。元器件清单中包括元器件标号、元器件标注、元器件封装形式、元器件描述等内容。利用元器件清单可以有效地管理电路项目。

元器件清单文件的主文件名同原理图文件，不同格式的元器件清单文件的扩展名不同。

在原理图文件中执行菜单命令 Reports → Bill of Material，弹出 BOM Wizard 向导窗口，

进入生成元器件清单向导，如图 1-55 所示。

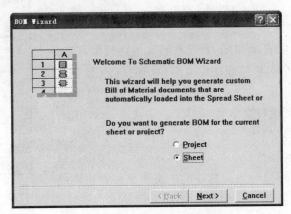

图 1- 55　生成元器件清单向导

在图 1-55 中，Sheet 选项的含义是产生当前打开的电路图的元器件清单，对于单张原理图选择此项即可，选择完毕单击【Next】按钮，系统弹出选择元器件清单中包含的元器件信息对话框，如图 1-56 所示。

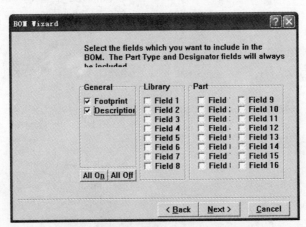

图 1- 56　选择元器件清单中包含的信息

在图 1-56 中，选中的内容分别为 Footprint（封装形式）和 Description（元件描述），选择完毕单击【Next】按钮，系统弹出设置元器件清单列标题对话框，如图 1-57 所示。

- Part Type：元器件标注。
- Designator：元器件标号（这两项在所有元器件清单中都有）。
- Footprint：元器件封装形式。
- Description：元器件描述。这两项是在前一窗口中选择的。

单击【Next】按钮，弹出选择元器件清单文件格式对话框，如图 1-58 所示。

- Protel Format：生成 Protel 格式元器件列表，文件扩展名为.BOM。
- CSV Format：生成 CSV 格式元器件列表，文件扩展名为.CSV。
- Client Spreadsheet：生成电子表格格式元器件列表，文件扩展名为.XLS。

本例选择第 3 项。单击【Next】按钮，弹出完成对话框，如图 1-59 所示。

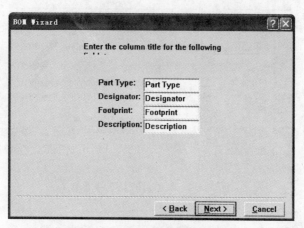

图 1- 57 元器件清单的列标题

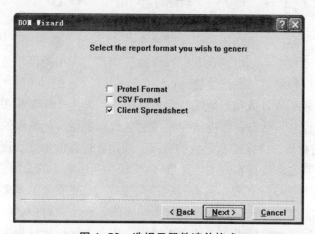

图 1- 58 选择元器件清单格式

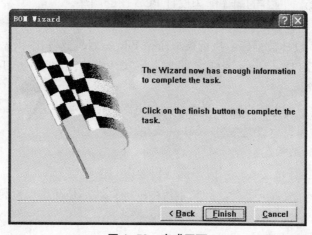

图 1- 59 完成画面

在图 1-59 中，单击【Finish】按钮，系统生成电子表格式的元器件清单，并自动将其打开，如图 1-60 所示。

	A	B	C	D
A1	Part Type			
	A	**B**	**C**	**D**
1	Part Type	Designator	Footprint	Description
2	0.1u	C3	RAD0.2-1	Capacitor
3	0.1u	C4	RAD0.2-1	Capacitor
4	10uF	C2	RB.2/.4-1	Electrolytic Capacitor
5	3300u	C1	RB.3/.6	Electrolytic Capacitor
6	7805	U1	7805PCB2	
7	CON2	OUT	3.96	Connector
8	CON2	IN	3.96	Connector
9	GUIQ1	B1	BR1	
10	TRANS1	T1	byq	
11				

图 1-60 本项目的元器件清单

任务六 绘制单面 PCB 图

PCB 是实现电子整机产品功能的主要部件之一，其设计是整机工艺设计中的重要一环。PCB 的设计质量，不仅关系到电路在装配、焊接、调试过程中的操作是否方便，而且直接影响整机的技术指标和使用、维修性能。

PCB 的设计是根据设计人员的意图，将电路原理图转换为印制板图、选择材料和确定加工技术要求的过程，包括确定整机结构，考虑电气、机械、元器件的安装方式、位置和尺寸，选择 PCB 的材质，决定印制导线的宽度、间距和焊盘的形式，设计印制插头或连接器的结构，根据电路要求设计布线文件，准备 PCB 生产所需要的全部资料和数据。

因此在设计 PCB 时，除了要学会有关的软件操作外，更重要的是要学会根据工艺要求进行正确的布局和布线，这一点正是本教材所注重的。在本教材中，每一个项目都根据具体的电路特点、元器件封装特点和工艺要求给出一些在实际设计过程中的具体解决方法。

请读者注意，以下内容的顺序即为设计 PCB 图的顺序。

一、新建 PCB 文件

在 Project1.ddb 设计数据库中执行菜单命令 File → New，弹出 New Document 对话框，在对话框中选择 PCB Document 图标，新建一个 PCB 文件，如图 1-61 所示。

二、规划电路板

在 PCB 设计前，首先要根据工艺要求确定电路板使用哪些工作层，并在相应的工作层绘制 PCB 的物理边界，这就是规划 PCB。

1. 确定 PCB 的工作层

因为本例要求设计单面板，所以单面板需要以下工作层。

顶层 Top Layer：放置元器件。因为本例中的元器件都是插接式封装，元器件都放置在顶层。

底层 Bottom Layer：布线。

机械层 Mechanical Layer：绘制电路板的物理边界。

顶层丝印层 Top Overlay：显示元器件轮廓和标注字符。

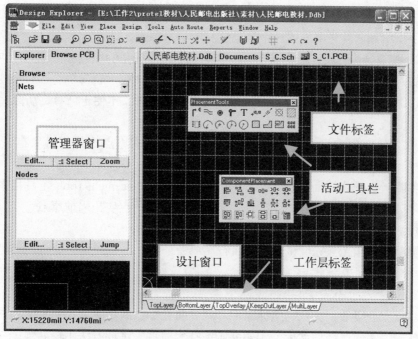

图 1-61 PCB 文件界面

多层 Multi Layer：放置焊盘。

禁止布线层 Keep Out Layer：绘制 PCB 的电气边界。

2. 创建机械层

Protel 99 SE 系统提供了 16 个机械层。在不同的机械层上，可以绘制 PCB 的物理边界、标注物理尺寸、标题信息、队列标记等。一般在 Mechanical 4 绘制 PCB 的物理边界。

执行菜单命令 Design → Mechanical Layers，在弹出的对话框中，选择 Mechanical 4（机械层 4），层的名称采用默认值，并选择 Visible（可见）和 Display In Single Layer Mode（单层显示时在各层显示）两个复选框，如图 1-62 所示。

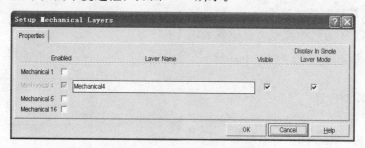

图 1-62 设置机械层对话框

创建 Mechanical 4 后单击屏幕下方的工作层标签进行更新，则 Mechanical 4 标签显示出来，如图 1-63 所示。

TopLayer / BottomLayer / Mechanical4 / TopOverlay / KeepOutLayer / MultiLayer /

图 1-63 设置机械层 Mechanical 4 为当前层

3. 设置当前原点

为了便于绘制，首先要设置一个自己定义的坐标原点。

在 PCB 编辑器中，系统已定义了一个坐标系，该坐标系的原点称为绝对原点，位置在设计窗口的左下角。

由于绘图时往往在屏幕中央进行，对应坐标值非常大，不便于计算，所以一般不采用绝对原点。

为绘图方便，用户可自行定义坐标系，该坐标系的原点称为相对原点，或称当前原点。

操作步骤：执行菜单命令 Edit → Origin → Set 或在 Placement Tools 工具栏中单击设置原点图标⊠，用十字光标在左下角的任一位置单击，则此点变为当前原点。

当光标放置在原点位置时，屏幕左下角的坐标值为 0，0。

如果屏幕左下角无坐标值显示，可执行菜单命令 View → Status Bar，设置坐标值显示状态。

4. 显示坐标原点标志

在原点设置好以后，要找到坐标原点，就要将光标放到任意位置查看屏幕左下角的坐标值，这样需要不断地移动光标，才能准确地找到原点，这种方法比较麻烦。

在 PCB 文件中系统提供了一个坐标原点标志。执行菜单命令 Tools → Preferences →在 Preferences 对话框中选择 Display 选项卡→选择 Origin Marker 复选框，单击【Ok】即可在坐标原点处显示原点标志。

5. 将计量单位转换为公制

在新建的 PCB 文件中，默认单位是英制（mil，1mil = 0.0254mm），而本项目工艺要求的印制板尺寸是公制，所以要转换为公制。

第一种方法：直接按【Q】键。

第二种方法：执行菜单命令 View → Toggle Units。

其他方法不再介绍。

6. 在机械层绘制物理边界

本项目中 PCB 的尺寸和安装孔位置如图 1-64 所示，图 1-64 中的单位是 mm。下面分两个步骤进行介绍。

（1）绘制物理边界

在机械层 Mechanical 4 按图 1-64 所示绘制 PCB 的物理边界，图中的尺寸单位是 mm。

单击 Mechanical 4 工作层标签，将 Mechanical 4 设置为当前层。

单击主工具栏中的设置 Snap 栅格图标⊞，将 Snap 栅格设置为 1mm。

单击 Placement Tools 工具栏中的≋图标，以当前原点为起点，按尺寸要求绘制物理边界。

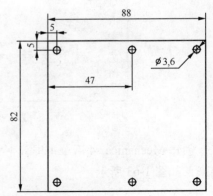

图 1-64 项目一 PCB 的尺寸和安装孔位置

如果使用鼠标画线，在拐弯处单击两下；如果使用键盘中的箭头键【→】、【←】、【↑】、【↓】画线，在拐弯处按两下【Enter】键，建议使用键盘画线，这样画的比较规范。

使用键盘上的箭头键画线时，按住【Shift】+箭头键可提高画线的速度。

在绘制物理边界时，一定要横平竖直，拐弯时如果要求是直角，切不可出现不规则拐弯。

（2）绘制安装孔

由于电源变压器比较重，因此在变压器旁边增加安装孔，使变压器两侧有足够的支撑，以保证 PCB 不因元器件太重而弯曲。所以本项目中的安装孔较多，在元器件布局时必须要考虑在 PCB 上为安装孔留出空间，因此要在布局前绘制安装孔。

① 利用过孔放置安装孔。

在 PCB 文件中单击 PlacementTools 工具栏中的放置过孔图标📌，按【Tab】键在弹出的 Via 属性对话框中按如图 1-65 所示设置过孔外径 Diameter、过孔孔径 Hole Size、过孔开始工作层 Start Layer 和终止工作层 End Layer 属性。

设置完毕按照图 1-64 所示的安装孔位置分别放置 6 个过孔。

② 绘制过孔外围的圆。

将当前层设置为 KeepOutLayer。本例中由于安装孔不需要接地，因此过孔外围的圆在 KeepOutLayer 工作层绘制。

单击 PlacementTools 工具栏中的绘制圆图标⊙，在过孔的外面绘制一个半径为 1.8mm 的同心圆，圆的线宽 Width、工作层 Layer、半径 Radius 等的属性设置如图 1-66 所示。

图 1-65 项目一中的过孔设置

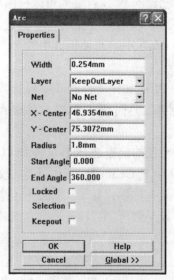

图 1-66 项目一中过孔外同心圆的设置

放置好的安装孔如图 1-67 所示。

作为安装孔的过孔外围的圆在 KeepOutLayer 工作层绘制是为了防止安装孔与板中的线路（如接地等网络）相连。

图 1-67　项目一中放置的安装孔

三、加载元器件封装库

与绘制原理图一样，在装入元器件封装符号前，首先要加载所需元器件封装库。

本例中，主要用到系统提供的元器件封装库 Advpcb.ddb 和一个自己的封装库。下面分别介绍加载（使用）的方法。

1. 加载系统提供的元器件封装库

系统提供的常用元器件封装库 Advpcb.ddb 的存放路径为 C:\Program Files\Design Explorer 99 SE\Library\Pcb\Generic Footprints\Advpcb.ddb（本例中提供 RB.3/.6 封装）。

这一封装库在新建 PCB 文件时，一般已经默认加载进来，如果没有加载可按以下方法进行操作。

执行菜单命令 Design → Add/Remove Library 或单击主工具栏的加载元件封装库图标 或在屏幕左边 PCB 管理器中选择 Browse PCB 选项卡，在 Browse 下拉列表框中，选择 Libraries（元件封装库），单击框中的【Add/Remove】按钮，选择所需元件封装库即可，如图 1-68 所示。

2. 使用自己建的 PCB 封装库

使用自己建的 PCB 封装库可以有两种方法。

一是采用"1"中介绍的方法，通过加载自己建的 PCB 封装库所在的.ddb 文件，来使用其中的 PCB 封装库，这一方法不再介绍。

二是在 PCB 文件所在的.ddb 设计数据库中先打开自己建的 PCB 封装库，这时可在 PCB 文件中直接使用该封装库中的符号。

图 1-68　加载元器件封装库

第二种做法的前提是 PCB 文件和 PCB 封装库必须在同一个.ddb 设计数据库中。

图 1-69 中 S_C1.lib 是 PCB 封装库文件，S_C1.PCB 是 PCB 文件。这两个文件同在一个.ddb 设计数据库中，且 S_C1.lib 已经被打开，所以在 S_C1.PCB 中如果要使用 S_C1.lib 中的符号，就无需再加载该元器件封装库了。

人民邮电教材.Ddb ｜ Documents ｜ S_C.Sch ｜ S_C1.PCB ｜ S_C1.lib ｜ S_C.NET

图 1-69　在同一 ddb 中同时打开 PCB 文件和 PCB 封装库

四、装入网络表

1. 绘制电气边界

电路板的电气边界是系统进行自动布局和自动布线的范围，在禁止布线层 Keep Outlayer 绘制。

电气边界可稍小于物理边界，或与物理边界相同。

单击 KeepOutlayer 工作层标签，将 KeepOutlayer 设置为当前层，按照绘制物理边界的方法绘制电气边界，绘制完成的电气边界和物理边界如图 1-70 所示，其内层是电气边界。

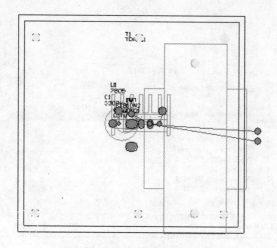

图 1-70　装入网络表后的情况

2. 装入网络表

装入网络表，实际上就是将原理图中元器件对应的封装和各个元器件之间的连接关系装入到 PCB 设计系统中。

在 PCB 文件中执行菜单命令 Design → Load Nets，弹出如图 1-71 所示的 Load/Forward Annotate Netlist 装入网络表对话框。

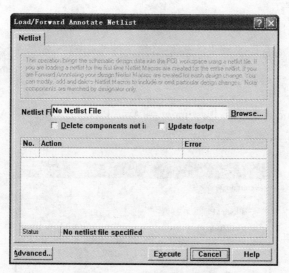

图 1-71　装入网络表对话框

在图 1-71 所示的界面中单击【Browse】按钮，在弹出的选择网络表文件对话框中，选择根据原理图创建的网络表文件→单击【OK】按钮，系统自动生成网络宏，并将其在

Load/Forward Annotate Netlist 装入网络表对话框中列出，如图 1-72 所示。

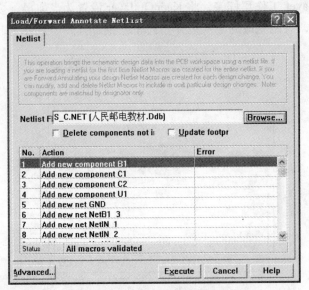

图 1-72　生成的无错误网络宏

若无错误，则在对话框下部的状态栏显示 All macros validated，如图 1-72 中 Status 状态栏中所示，此时单击【Execute】按钮，则将元器件封装和连接关系装入到 PCB 文件中，如图 1-70 所示。

若有错误，则 Status 状态栏中显示共有几个错误，在 Error 列中显示相应的错误信息。此时需返回原理图修改错误后重新产生网络表，在 PCB 文件中重新装入网络表。

五、元器件布局

元器件布局可采用两个步骤进行。一是自动布局，利用系统提供的自动布局功能将元器件封装散开，但自动布局的结果一般是不能直接使用的，必须进行手工调整，所以第二步就是进行手工调整。

1. 元器件的自动布局

执行菜单命令 Tools → Auto Placement → Auto Placer，系统弹出 Auto Place 自动布局对话框，按如图 1-73 所示的界面进行设置。

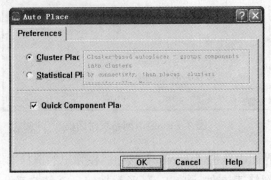

图 1-73　Auto Place 自动布局对话框

- Cluster Placer：群集式布局方式，适用于元器件数量少于 100 的情况。
- Quick Component Placement：快速布局，但不能得到最佳布局效果。

单击【OK】按钮，系统进行自动布局。

2．手工调整布局

自动布局后的效果不能直接使用，在手工调整布局时要考虑既要保证电路功能和性能指标的实现，又要满足工艺性，检测、维修方面的要求，同时还要适当兼顾美观性，如元器件排列整齐，疏密得当等。

本例中，布局时应考虑的问题包括以下几点。

（1）电路的输入是 220V 的交流信号，输出是 5V 的直流信号，因此输入和输出的距离应尽量远。

（2）电源变压器的体积比其他元器件大很多且重，并且是发热元件，在设计位置时要充分考虑这一点。

（3）稳压器 7805 装有散热片，体积较大，同时也是发热元器件，要注意与其他元器件的相对位置。

（4）元器件之间的连线要尽量短。

（5）元器件不要太靠近安装孔。

（6）调整好布局后将元器件的标注隐藏。

根据以上考虑，调整后的元器件布局如图 1-74 所示。

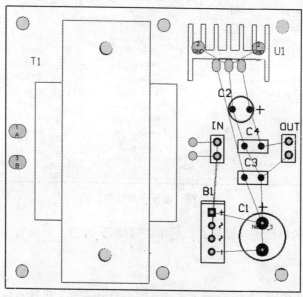

图 1-74　手工调整后的布局效果

在调整元器件布局时应注意要按照飞线的指示摆放元器件，尽量减少飞线的交叉。

在图 1-74 中，因为变压器的体积非常大，所以将其安排在电路板的一侧，在变压器两侧，均有安装孔做支撑；稳压器 7805 安排在电路板的一角，与其他元器件距离相对较远；其他元器件按照信号流向进行排列。

图 1-74 中所有元器件标注均被隐藏，隐藏的操作方法如下。

双击任一元器件封装符号，弹出 Component 元器件属性对话框，在对话框中选择 Comment 选项卡，在图中选择 Hide 复选框，如图 1-75 所示。

图 1-75　在 Comment 选项卡中选中 Hide 复选框

在图 1-75 所示的界面中单击【Global】按钮，设置全局修改，如图 1-76 所示。

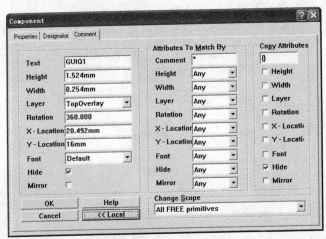

图 1-76　设置全局修改参数

按图 1-76 所示的界面进行设置，而后单击【OK】按钮，则所有元器件标注均被隐藏。

六、布线

1. 布线方法

布线的方法有很多种，如完全手工布线、完全自动布线、自动布线后进行手工调整等。本例因为布线较少，可以采用完全手工布线的方法。

2. 设置布线规则

本例虽然是手工布线，但可以最大限度利用系统提供的各项功能，以减化操作。只需设置线宽规则，这样在划线时就无需再对每个网络、每个连接设置线宽，而是系统自动按照规则设置好的线宽进行划线，既避免了每次划线都要设置线宽的繁琐，又不容易出错。

设置线宽的考虑因素如下。

因为是电源电路，在板面空间允许的情况下，应尽可能加大铜膜导线的线宽。从图 1-74 中可以看出，电路板的空间较大，所以设置所有线宽均为 100mil。

设置方法如下。

执行菜单命令 Design → Rules，在弹出的 Design Rules（设计规则）对话框中选择 Routing 选项卡，在 Routing 选项卡中选择 Width Constraint（设置布线宽度）选项，如图 1-77 所示。

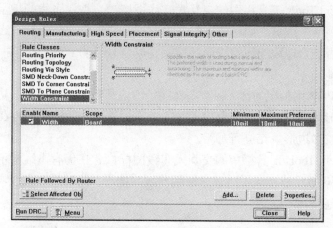

图 1-77　在 Routing 选项卡中选择 Width Constraint 选项

在图 1-77 所示的界面中单击【Properties】按钮，在弹出的布线宽度设置对话框的 Rule Attributes 选项区域中，设置布线宽度的最小值（Minimum Width）、最大值（Maximum Width）和首选值（Preferred Width）均为 100mil，如图 1-78 所示。

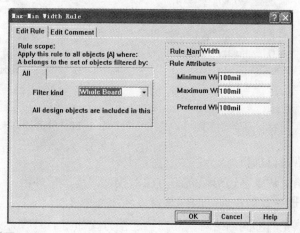

图 1-78　设置 Minimum Width、Maximum Width 和 Preferred Width 均为 100mil

设置完毕，单击【OK】按钮返回上一级对话框，关闭该对话框即可。

3. 手工布线

因为是单面板，全部走线都在底层 BottomLayer。

单击屏幕下方的工作层标签 BottomLayer，使其设置为当前层。

绘制时应注意以下几点。

① 在焊盘处作为导线的起点或终点时，都应在焊盘中心位置开始或结束绘制。

② 导线的拐弯形状最好为 45°。

③ 两条不相连的线，不能交叉。

（1）绘制信号线

因为接地线要求较宽，接地面积要尽量大，所以一般先绘制信号线，再绘制接地线。

单击 Placement Tools 工具栏中的交互式布线图标「'，按照飞线的指示进行布线。如果在绘制过程中出现两个焊盘之间不能连线，说明这两个焊盘之间没有飞线连接，此时千万不能强行连接，否则会造成连线的错误。绘制完成信号线的 PCB 图如图 1-79 所示。

（2）绘制接地线

接地线应是 PCB 中最粗的线，在有条件的地方应使用矩形填充或多边形填充。在使用矩形填充和多边形填充前，要先将有接地线的地方用铜膜导线连接，再在有条件加粗的地方使用矩形填充或多边形填充进行加粗。

单击 Placement Tools 工具栏中的交互式布线图标「'，在仍有飞线指示的连接上绘制铜膜导线，如图 1-80 所示是补齐了所有未绘制导线的情况，此时所有飞线均不显示了，说明已经完成了所有连接。

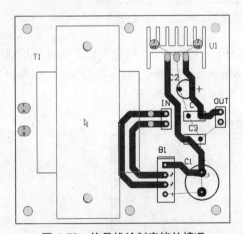

图 1-79　信号线绘制完毕的情况

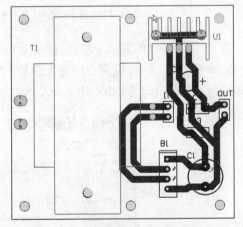

图 1-80　补齐所有未绘制的连线

（3）对接地网络进行加粗

通过在接地网络上放置多边形填充的方法对接地网络进行加粗。

① 改变多边形填充与填充内部同网络对象的连接方式。

多边形填充与填充内部同网络对象的默认连接方式如图 1-81 所示，图中接地焊盘与多边形填充的连接是通过 4 条引线实现的，这 4 条引线的线宽是 10mil。这对于需要大面积接地网络来说，制约了良好的导电性能，因此应在利用多边形填充方法对接地网络进行加粗前，先改变这种默认连接方式。

执行菜单命令 Design → Rules，在弹出的 Design Rules 对话框中选择 Manufacturing

选项卡，在 Manufacturing 选项卡中选择 Polygon Connect Style 多边形内部连接方式，如图 1-82 所示，显示的就是默认内部连接方式。

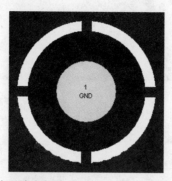

图 1- 81　多边形填充与填充内部同网络对象的默认连接方式

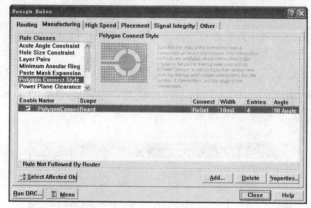

图 1- 82　在 Manufacturing 选项卡中选择 Polygon Connect Style 多边形内部连接方式

在图 1-82 所示的界面中单击【Properties】按钮，在 Rule Attributes 区域中选择 Direct Connect，如图 1-83 所示。单击【OK】按钮，返回 Design Rules 对话框，此时 Design Rules 对话框如图 1-84 所示。

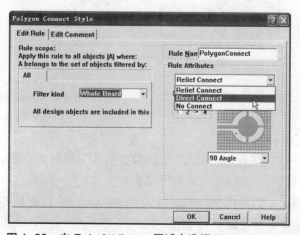

图 1- 83　在 Rule Attributes 区域中选择 Direct Connect

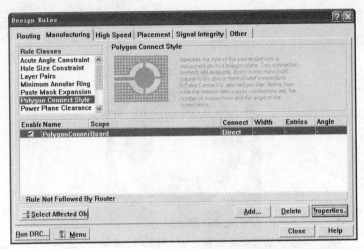

图 1- 84　设置了 Direct Connect 选项后的 Design Rules 对话框

单击【Close】按钮，关闭对话框。再进行多边形填充时，内部连接方式改为实心连接。

② 对接地网络进行加粗。

单击 Placement Tools 工具栏中的放置多边形填充图标，在弹出的 Polygon Plane 多边形填充属性对话框中按图 1-85 所示的界面进行设置，设置完毕单击【OK】按钮，按图 1-86 所示的界面在接地网络周围绘制多边形填充。

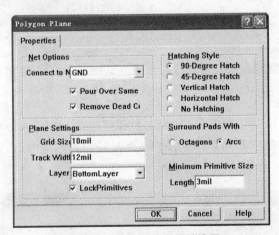

图 1- 85　多边形填充属性设置

绘制多边形填充注意拐弯尽量不用直角，如图 1-86 所示使用斜角，在每个拐点处单击即可形成斜角。

（4）将拐弯为直角修改为 45°

在图 1-86 中有一些直角拐弯，如 C1 上边焊盘所连铜膜导线，最好将其改为 45°，方法是在 90° 拐弯之间放置一个 45°角的矩形填充。

单击 Placement Tools 工具栏中绘制矩形填充图标，按【Tab】键，弹出矩形填充 Fill 属性对话框，在对话框中设置矩形填充的网络连接与要连接的网络相同，如 C1 上边焊盘所连网络为 NetB1_3，设置 Rotation（旋转角度）属性为 45°，如图 1-87 所示。

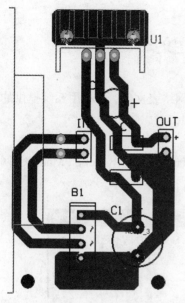

图 1- 86 在接地网络周围绘制的多边形填充

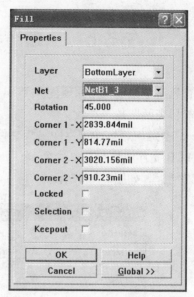

图 1- 87 将矩形填充设置为 45°放置

通过图 1-87 的设置后，绘制的矩形填充如图 1-88 所示。

将 45°放置的矩形填充到图 1-86 中，则出现图 1-89 所示的效果。

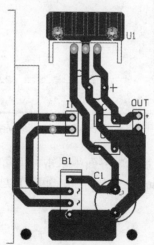

图 1- 88 45°放置的矩形填充

图 1- 89 将直角拐弯修改为 45°

4. 放置标注

将当前层设置为 TopOverLay。单击 Placement Tools 工具栏中的放置文字标注图标 **T**，对输入端和输出端进行标注，图 1-90 所示为对输入端进行标注后的情况。

图 1- 90 对输入端进行标注

任务七 原理图与PCB图的一致性检查

检查思路是分别根据原理图和PCB图产生两个网络表文件,再利用系统提供的网络表比较功能检查两图是否一致。

一、根据电路板图产生网络表文件

在PCB文件中执行菜单命令 Design → Netlist Manager,弹出 Netlist Manager 网络列表管理器对话框,如图1-91所示。

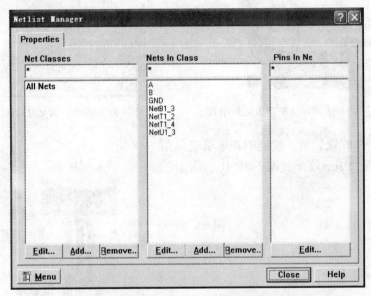

图1-91 Netlist Manager 网络列表管理器对话框

在图1-91所示的界面中单击左下角的【Menu】按钮,在弹出的子菜单中选择 Create Netlist From Connected Copper,如图1-92所示。

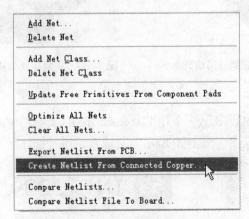

图1-92 在子菜单中选择 Create Netlist From Connected Copper

弹出要求确认产生网络表对话框，如图 1-93 所示。

单击【Yes】按钮，即可产生网络表文件，该网络表的主文件名为 Generated+PCB 的主文件名，扩展名为.net。

如图 1-94 所示，S_C1.PCB 是 PCB 文件，Generated S_C1.Net 是根据 PCB 文件产生的网络表文件。

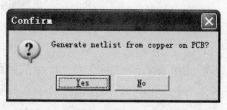

图 1- 93　要求确认产生网络表对话框

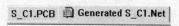

图 1- 94　PCB 文件和网络表文件标签

二、两个网络表文件进行比较

打开原理图文件，执行菜单命令 Reports → Netlist Compare，弹出 Select 对话框，如图 1-95 所示。

选择根据原理图产生的网络表文件 S_C1.NET，单击【OK】按钮，弹出如图 1-95 所示的 Select 对话框，再选择根据 PCB 图产生的网络表文件 Generated S_C1.Net，单击【OK】按钮，系统产生网络表比较文件 S_C1.Rep。

图 1- 95　选择网络表对话框

以下是网络表比较文件 S_C1.Rep 的内容。

两个网络表中互相匹配的网络。

Matched Nets	NetU1_3 and NetU1_3
Matched Nets	NetT1_4 and NetT1_4
Matched Nets	NetT1_2 and NetT1_2
Matched Nets	NetB1_3 and NetB1_3
Matched Nets	GND and GND

两个网络表中不匹配的网络。

Extra Net B In S_C.NET　　　　　　//在原理图中有两个多余的网络 A 和 B

Extra Net A In S_C.NET

Total Matched Nets	= 5	//互相匹配网络统计
Total Partially Matched Nets	= 0	//不匹配网络统计
Total Extra Nets in S_C.NET	= 2	//多余网络统计
Total Extra Nets in Generated S_C1.Net	= 0	
Total Nets in S_C.NET	= 7	// S_C.NET 中的网络总数

59

Total Nets in Generated S_C1.Net   = 5   // Generated S_C1.NET 中的网络总数

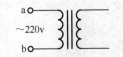

图1-96　原理图中变压器
的输入端

从比较结果中可以看出，原理图中有两个多余的网络 A 和 B，这两个网络是原理图中变压器输入端的两个端点，如图1-96所示，这两个端点在 PCB 图中并没有进行其他连接，所以会在进行网络比较时成为多余网络。

但是两个图（原理图与 PCB 图）没有不匹配的网络，说明没有连接错误，因此这两个图在电气上是完全一致的。

这一点说明，在分析网络表比较结果时，不能简单查看两个网络表文件中的网络总数是否完全一致，对于显示不一致的地方要进行具体分析，以免得出错误结论。

任务八　编制工艺文件

一、工艺文件的概念

在 PCB 图设计完成后，一般都交由专业化的生产厂家制造。在委托专业厂家制板时，应该提供 PCB 的技术文件。PCB 制作的技术文件通常包括板面的设计文件和有关技术要求说明。

这些技术要求不仅要作为与厂家签订合同的附件，成为厂家决定收费标准、安排生产计划、制订制板工艺过程的依据，也将作为双方交接的质量认定标准之一。

制板的技术要求，应该文字准确、清晰、有条理，主要内容包括以下几方面。

① 板的材质、厚度，板的外形及尺寸、公差。

② 焊盘外径、内径、线宽、焊盘间距及尺寸、公差。

③ 焊盘钻孔的尺寸、公差及孔金属化的技术要求。

④ 印制导线和焊盘的镀层要求（指镀金、银、铅锡合金等）。

⑤ 板面阻焊剂的使用。

⑥ 其他具体要求。

二、编制本项目工艺文件

1. 单面板说明

单面板如果画图时图层选择错误，或图层的镜像与否有错误，或字符的镜像与否有错误，极容易出现做成反图的情况，一旦出现此种情况，某些时候（如有金插指或贴片 IC 等）会造成电路板报废，所以有必要强调一下该 PCB 是单面板，且图形是透视图。

2. 板厚 2.0mm

板材厚度决定电路板的机械强度，同时影响成品板的安装高度，所以加工时要注明板厚。1.6mm 是较通用的板厚，如果未标板厚，一般加工厂会按 1.6mm 处理。如果不选择 1.6mm 厚度的板材，就必须标注板厚。考虑到此板的面积稍大了一些，而且板上有一个较重且较大的元件——变压器，所以选择稍厚一点的 2.0mm 板。

3. 板材为 FR-4

板材型号代表板材种类和性能，应该标出。本图是一个电源板，过电流较大时可能发热，如果板材等级太差，过热时铜箔容易剥落。

4. 铜箔厚度不小于 35μm

这是考虑到电源可能有较大的电流。本图所用稳压元件是 7805，最大工作电流 1A，铜箔厚度如果太薄会影响过流能力。

5. 孔径和孔位均按文件中的定义

主要是强调各孔的孔径均已编辑准确。

6. 表面处理

热风整平后焊盘处是铅锡，提高了可焊性。

7. 字符颜色

白色为通用色。

8. 阻焊颜色

绿色为通用色。

9. 数量：500 片

已做完试验，正式投产。

10. 工期：7～10 天

由于 PCB 的数量较多，应该给制板厂留一定的加工周期。

注：工艺文件中的说明部分是对工艺要求的解释，在正式提交给制板厂时无需保留。

 项目评价

学习收获	任务一：
	任务二：
	任务三：
	任务四：
	任务五：

续表

学习收获	任务六：
	任务七：
	任务八：
能力提升	
存在问题	
教师点评	

项目二　较复杂的单面印制板图设计

本任务目标是利用电子 CAD 软件 Protel 99 SE 完成较复杂的单面印制板图设计，图 2-1 所示为电路图，表 2-1 是该原理图对应的元器件属性列表。该项目与前面项目的区别是元器件的种类增多，对印制板图设计的要求增加。在元器件种类方面，增加了常用元器件符号的封装确定，如电阻、普通电容、二极管、发光二极管、双列直插式芯片、三极管、开关以及继电器等；在印制板图设计方面，增加了对元器件指定放置位置的要求等。

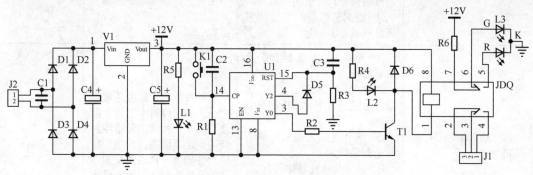

图 2-1　项目二电路图

表 2-1　　　　　　　　　　　　　项目二电路元器件属性列表

LibRef	Designator	Comment	Footprint
CON2	J1、J2		自制
CAP	C1、C2、C3		RAD0.2
DIODE	D1、D2、D3、D4、D5、D6		自制
ELECTRO1	C4、C5		自制
VOLTREG	V1		TO-126
RES2	R1、R2、R3、R4、R5、R6		自制
SW-PB	K1		自制
LED	L1、L2		自制
自制	U1		自制
自制	T1		TO-92A
自制	JDQ		自制
自制	L3		自制

元器件库：Miscellaneous Devices.ddb

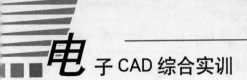
本项目重点是进一步了解和学习确定常用元器件封装的多种方法，了解对有位置要求元器件的操作，掌握更多关于布局的方法。

本项目电路图中隐去了所有元器件的标注，如果由此给您带来不便，敬请谅解。

 项目描述

学 习 目 标	任 务 分 解	教 学 建 议	课 时 计 划
(1) 绘制原理图元器件符号	① 根据双色发光二极管的工作原理和实际元器件的引脚排列，绘制电路符号，并确定引脚号； ② 根据继电器的工作原理和实际元器件的引脚排列，绘制电路符号，并确定引脚号； ③ 根据三极管的型号和引脚排列确定引脚号	教师重点指导如何根据元器件的工作原理和实际引脚排列确定电路符号中引脚号的方法，具体绘制符号则以学生为主，教师辅导为辅	4学时
(2) 绘制本项目中封装符号	① 元器件立式安装和卧式安装的特点； ② 电容、二极管、发光二极管、电阻等常用元器件的封装确定； ③ 双列直插式集成电路芯片的封装确定； ④ 确定其他元器件的封装； ⑤ 根据测量参数绘制元器件封装； ⑥ 合理利用元器件封装库中提供的封装符号进行修改	本项目是难点，也是重点之一。教师应对本项目中涉及到的每一种常用元器件封装的确定原则进行介绍，在以后各项目中再遇到相同类型的元器件封装问题，可指导学生自己解决	4学时
(3) 绘制原理图与创建网络表	① 根据元器件属性列表绘制电路图。注意导线的正确连接和元器件封装属性不能为空； ② 根据原理图产生网络表	学生自己完成为主，教师辅导为辅	2学时
(4) 绘制单面印制板图	① 规划PCB与根据尺寸要求绘制PCB的物理边界和安装孔； ② 绘制电气边界与装入网络表； ③ 有位置要求元器件的正确放置； ④ 其他元器件布局； ⑤ 调整某些元器件封装中的焊盘参数； ⑥ 根据线宽要求设置布线规则； ⑦ 根据飞线手工进行单面板布线	本项目是难点，也是重点之一。教师重点介绍对有位置要求元器件的放置方法，特别要讲清元器件封装符号放置在底层时的处理方法；在手工布线中要重点介绍工程上对某些连线线宽要求很宽，但因板面有限不能满足要求的处理方法	6学时

续表

学 习 目 标	任 务 分 解	教 学 建 议	课 时 计 划
（5）原理图与 PCB 图的一致性检查	① 进一步熟悉两个网络表文件的比较方法； ② 进一步熟悉对比较结果的分析	学生自己完成为主，教师辅导为辅	1 学时
（6）编制本项目工艺文件	进一步了解工艺文件的编制	在教师指导下进行	1 学时

 项目分析

具体要求如下。

（1）根据实际元件绘制继电器和双色发光二极管的电路图形符号，修改系统提供的 NPN 三极管的电路图形符号。

（2）根据实际元件确定并绘制所有元器件封装。

（3）根据元器件属性列表绘制原理图并创建网络表文件。

（4）根据工艺要求绘制单面印制板图。

如图 2-2 所示是 PCB 图的尺寸、定位孔位置与尺寸以及发光二极管、开关、双色发光二极管的位置要求，尺寸单位是 mm。

PCB 图的具体要求如下。

① PCB 的尺寸。宽为 37mm、高为 50mm，图 2-2 中标注 φ3 的两个孔是安装孔，直径为 3mm，位置要求如图 2-2 所示。

② 绘制单面板。

③ 图 2-2 中 PCB 的左上角和右上角的两个标注 R2 的圆表示发光二极管 L1、L2 的位置，圆心是发光二极管的中心，L1、L2 要放置在底层 Bottom Layer。

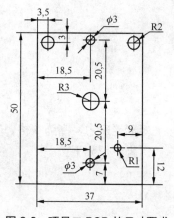

图 2-2 项目二 PCB 的尺寸要求

④ PCB 的中心位置标注 R3 的圆表示开关 K1 的位置，圆心是指开关的中心，开关 K1 要放置在底层 Bottom Layer。

⑤ PCB 右下方标注 R1 的圆表示双色发光二极管的位置，圆心是指双色发光二极管的中心，双色发光二极管 L3 要放置在底层 Bottom Layer。

⑥ 信号线宽为 20mil。

⑦ 从电源输入到桥式整流、滤波、稳压等部分的线要足够粗，可设置为 40mil，接地和+12V 的网络线宽为 40mil。

⑧ 继电器的触点到输出端子 J1 的线应大于或至少等于 70mil。

（5）原理图与 PCB 图的一致性检查。

（6）编制工艺文件。

以上要求分别对应 6 个任务，通过后续任务的学习，最后完成该项目的任务目标。

在 Protel 99 SE 设计环境中，执行菜单命令 File → New，创建一个名为 Project2.ddb 的设计数据库文件，将其存放在指定的文件夹下。该项目中的所有文件均保存在 Project2.ddb 中。

任务一　绘制原理图元器件图形符号

在如图 2-1 所示的电路图中，U1、L3、继电器 JDQ 三个图形符号需自行绘制，三极管的图形符号需对系统提供的图形符号进行修改，以下分别进行介绍。

在 Project2.ddb 中新建一个原理图元器件库文件并将其打开，将在任务一中绘制的所有元器件符号均保存在该原理图元器件库文件中。

一、绘制 U1

在新建的原理图元器件库文件中靠近坐标原点（十字中心）位置按图 2-3 所示绘制 U1。

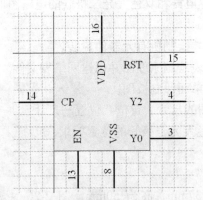

图 2-3　项目二电路图中的集成芯片符号 U1

矩形轮廓中，高为 8 格，宽为 8 格，栅格尺寸为 10mil。

引脚参数如下。

Name	Number	Electrical Type	Length
Y0	3	Passive	30
Y2	4	Passive	30
VSS	8	Passive	30
EN	13	Passive	30
CP	14	Passive	30
RST	15	Passive	30
VDD	16	Passive	30

绘制完毕，重新命名并保存。

二、绘制双色发光二极管 L3

L3 要在以上建立的原理图元器件库文件中进行绘制，方法是在原理图元器件库文件中执行菜单命令 Tools → New Component，新建一个元器件画面。

L3 可以通过修改 Miscellaneous Devices.ddb 元器件符号库中提供的发光二极管 LED 的图形符号获得。操作思路是先将系统提供的符号复制到自己创建的元器件库文件中，再对其进行修改。

1. 将 LED 的图形符号复制到自己创建的原理图元器件库文件中

打开系统提供的元器件库并找到该图形符号的方法有很多种，这里只介绍一种。具体操作步骤如下。

（1）新建或打开一个原理图文件，在原理图文件中加载 Miscellaneous Devices.ddb 元器件图形符号库。

（2）在原理图文件左边的管理器窗口，按图 2-4 所示进行设置。

（3）在图 2-4 所示的界面中单击【Edit】按钮，打开 Miscellaneous Devices.ddb 元器件符号库中的 LED 图形符号画面，如图 2-5 所示。

图 2-4　在原理图文件中查找 LED 的图形符号

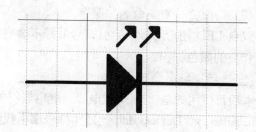

图 2-5　打开的 LED 符号画面

（4）在 LED 图形符号画面全部选择符号图形，执行菜单命令 Edit → Copy（或按【Ctrl】＋【C】键），此时光标变成十字形，将十字形光标在图形符号上单击，确定粘贴时的参考点（这一步骤一定要做）。

（5）关闭 Miscellaneous Devices.ddb 元器件符号库，在系统弹出对话框询问是否保存更改时，单击【No】按钮（不改变原来库中的内容）。

2. 将 LED 的图形符号修改为双色 LED 的图形符号

（1）将当前画面切换到自己建的原理图元器件库文件新建的画面中（注意：关闭 Miscellaneous Devices.ddb 元器件符号库后，系统返回的是原理图文件画面），单击主工具栏上的 按钮，此时元件符号将粘在十字形光标上并随光标移动，十字形光标的中心即是在上面"第（4）步"中单击的位置，在靠近十字中心的第 4 象限处单击，执行粘贴操作，共粘贴两次，单击主工具栏上的 图标去掉图形的选择状态，粘贴后的情况如图 2-6 所示。

（2）按如图 2-7 所示进行修改。修改方法包括删除负极中的一个引脚；单击 SchLib DrawingTools 工具栏中的绘制直线图标／将两个负极连在一起，将保留的负极引脚移到中

间位置，引脚的位置如图 2-7 所示。

引脚参数如下。

Name	Number	Electrical Type	Length
R	R	Passive	20
G	G	Passive	20
K	K	Passive	20

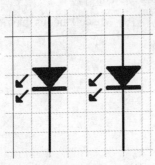

图 2-6　粘贴了两个 LED 符号

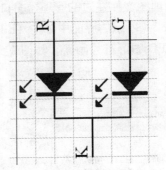

图 2-7　修改引脚后的 L3 符号

（3）修改完毕重新命名并保存。

双色 LED 图形符号中的引脚号最好不要隐藏，因为两个 LED 的颜色不同，应在电路中有相应的颜色标识。

三、绘制继电器符号

本项目使用的是 8 引脚继电器，继电器符号可以在 Miscellaneous Devices.ddb 元器件符号库中找到，稍加修改即可使用，但是为了使图形符号表达的功能更清楚，也更加贴近实际元器件引脚的分布，所以重新进行绘制。

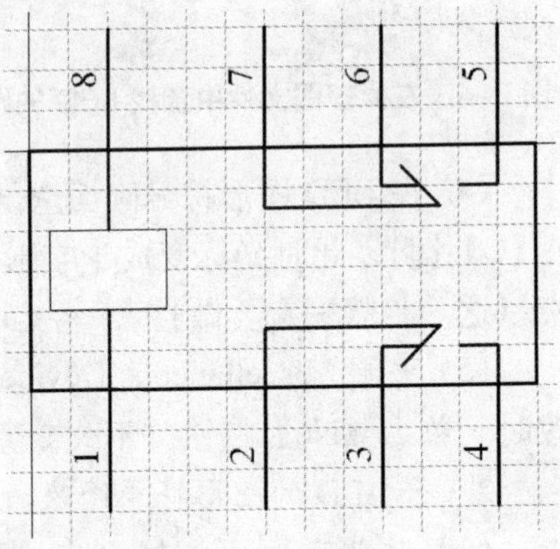

在原理图元器件库文件中再新建一个画面，按图 2-8 所示进行绘制。

矩形轮廓：高为 6 格，宽为 13 格，栅格尺寸为 10mil，锁定栅格 Snap 尺寸为 5mil。

绘制继电器符号时应注意，矩形轮廓内的图形用直线绘制，矩形外是引脚。

图 2-8　继电器符号

引脚参数如下。

Name	Number	Electrical Type	Length
1	1	Passive	30
2	2	Passive	30
3	3	Passive	30
4	4	Passive	30
5	5	Passive	30

6	6	Passive	30
7	7	Passive	30
8	8	Passive	30

绘制完毕，重新命名并保存。

四、绘制三极管的图形符号

三极管的图形符号在 Miscellaneous Devices.ddb 元器件符号库中已经提供，但是在使用时一般仍需要修改，这主要从以下两方面考虑。

（1）在国家标准中，目前三极管的图形符号没有外面的圆，应去掉符号中的圆圈。

（2）要根据三极管的引脚排列顺序确定三个极的引脚号，这一点至关重要，因为不同型号的三极管引脚的排列顺序不同。

从图 2-9 和图 2-10 可以看出，9013 三极管的引脚排列顺序是面对封装平面从左向右依次为 e、b、c，1815 三极管的引脚排列顺序是面对封装平面从左向右依次为 e、c、b。但是小功率三极管的封装大都采用系统提供的常用元器件封装库 Advpcb.ddb 中的封装符号 TO-92A，如图 2-11 所示，这就需要在画图前首先弄清电路中选用的三极管的型号，并确定三个极的排列顺序，以便三极管的三个极在封装符号中正确对应。

图 2-9　9013 三极管

图 2-10　2SC1815 三极管

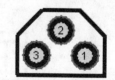

图 2-11　TO-92A 三极管封装

本项目中采用的三极管的引脚排列顺序与 9013 相同，即基极在中间。根据图 2-11 所示的三极管封装可知，对应的三极管图形符号中发射极的引脚号应为 3，基极的引脚号应为 2，集电极的引脚号应为 1，这样在安装三极管时只要方向正确，即可直接插入 PCB 上三极管封装符号的焊盘中。

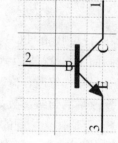

图 2-12　修改三极管的图形符号

按照"二、绘制双色发光二极管符号"中介绍的方法，将 Miscellaneous Devices.ddb 元器件符号库中的 NPN 三极管符号复制到自己建的原理图元器件库新建画面中，按照图 2-12 所示进行修改。

引脚参数如下。

Name	Number	Electrical Type	Length
C	1	Passive	30
B	2	Passive	30
E	3	Passive	30

修改完毕将所有的引脚名和引脚号全部隐藏，重新命名并保存。

任务二　绘制本项目封装符号

本项目中，我们接触到一些常用元器件，这里将逐一介绍这些元器件封装的确定原则和方法。

在 Project2.ddb 中新建一个 PCB 封装库文件并将其打开，将在任务二中绘制的所有元器件图形符号均保存在该封装库文件中。

一、连接器 J1、J2 封装

J1、J2 采用 5.08mm 连接器，J1 是三针连接器，J2 是两针连接器。

5.08mm 连接器是标准件，封装符号可以在系统提供的 5.08mm Connectors.ddb 元器件封装库中找到，将这些图形符号分别复制到自己建的 PCB 封装库文件中，稍加修改即可使用。

5.08mm Connectors.ddb 元器件封装库的存放路径为 C:\Program Files\Design Explorer 99 SE\Library\Pcb\Connectors。

1. J2—5.08mm 两针连接器

图 2-13 所示为系统提供的 5.08mm 两针连接器封装 AMP_MR2。

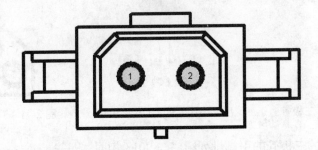

图 2-13　5.08mm 两针连接器封装 AMP_MR2

在自己创建的 PCB 封装库文件中新建一个画面，将系统提供的 AMP_MR2 符号复制到新建画面中，最好将 1#焊盘放置到坐标原点处。在保持两个焊盘间距不变情况下，对这一封装符号稍作修改，修改后的封装符号如图 2-14 所示。

修改后的封装参数如下。

① 元器件引脚间的距离为 5.08mm。

② 焊盘参数。引脚孔径 52mil，焊盘直径 100mil，1#焊盘设置为矩形。

③ 元器件轮廓为矩形。

④ 焊盘号无需修改，分别为 1、2。

图 2-14 中的焊盘参数请按图 2-15 所示的 1#焊盘属性对话框的 X-Size（焊盘 X 方向直径）、Y-Size（焊盘 Y 方向直径）、Shape（焊盘形状）、Designator（焊盘号）、Hole Size（焊盘孔径）、Layer（工作层）等属性值进行设置。

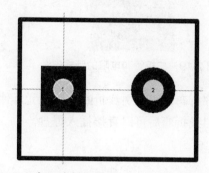

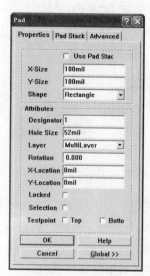

图 2-14　自己绘制的 5.08mm 两针连接器封装　　图 2-15　5.08mm 两针连接器封装 1#焊盘属性设置

2#焊盘的属性与 1#焊盘相同，只是 Shape 应选择 Round。绘制完毕后，设置封装参考点，重新命名并保存。

2. J1—5.08mm 三针连接器

系统提供的 5.08mm 三针连接器的图形符号在 5.08mm Connectors.ddb 元器件封装库中的名称是 AMP_MR3，如图 2-16 所示。

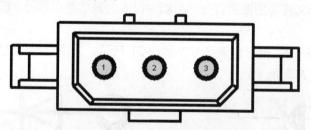

图 2-16　5.08mm 三针连接器封装

在自己创建的 PCB 封装库文件中新建一个画面，将系统提供的 AMP_MR3 符号复制到新建画面中，最好将 1#焊盘放置到坐标原点处。在保持焊盘间距不变情况下，按照两针连接器中焊盘的参数对 AMP_MR3 进行修改，修改后的图形符号如图 2-17 所示。

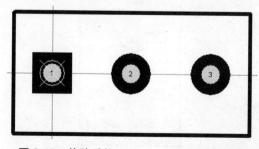

图 2-17　修改后的 5.08mm 三针连接器封装

二、二极管 D1～D6封装

二极管如图 2-18 所示，在印制板上二极管一般是卧式安装，如图 2-19 所示。

图 2-18　二极管

图 2-19　二极管和电阻的卧式安装

元器件进行卧式安装时，一般不能从引线的根部折弯，避免引线折断。因此元器件在卧式安装时两个焊盘之间的距离应适当，使元件的引线折弯后可以直接插入焊盘。

（1）实际测量参数

① 引脚间的距离为 300mil。

② 焊盘孔径为 1mm。

（2）二极管封装确定

① 引脚间的距离为 300mil。

② 焊盘孔径为 1mm（39mil）。

③ 焊盘直径大于 2mm（选择 80mil）。

④ 与电路符号引脚之间的对应。

图 2-20 所示为二极管的图形符号，引脚中显示的数字是引脚号，因此封装中的焊盘号也应分别是 1 和 2。

按以上参数绘制的二极管封装符号如图 2-21 所示，其中 1#焊盘最好放置到坐标原点处。焊盘属性如图 2-22 所示。

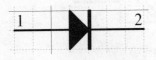

图 2-20　二极管的图形符号

图 2-21　二极管封装符号

图 2-22　二极管封装符号中焊盘属性设置

三、电容 C1~C3封装

本项目中 C1~C3 采用独石电容，如图 2-23 所示。电容在 PCB 上安装时，引脚最好直接插入焊盘孔。因此，应在图中所示摆放时测量引脚间的距离。

图 2-23　独石电容

（1）实际测量参数

① 引脚间的距离为 200mil。

② 焊盘孔径约 0.8mm。

（2）电容 C1~C3 封装确定

① 引脚间的距离为 200mil。

② 焊盘孔径为 31mil。

③ 焊盘直径为 68mil。

④ 与电路符号引脚之间的对应：焊盘号分别为 1、2。

从以上封装参数可以看出电容 C1~C3 的封装与 Advpcb.ddb 中提供的 RAD0.2 参数很接近（两焊盘的间距相同），可以采用 RAD0.2 的封装，将焊盘的尺寸修改一下即可。

修改的方法可以像 5.08mm 两针或三针连接器封装符号那样，将系统提供的 RAD0.2 复制到自己建的 PCB 元器件封装库中进行修改，修改后改名保存。也可以在原理图中直接使用 RAD0.2，在封装符号装入到 PCB 文件后，再修改焊盘尺寸。本项目中采用后一种方法，具体操作方法将在本项目的"任务四"中介绍。

四、电解电容 C4、C5封装

电解电容 C4、C5 外形与项目一中的图 1-16 所示相同，只是因为容量较小，所以体积比图 1-16 所示的电容的体积要小。

（1）实际测量参数

① 引脚间的距离约为 100mil。

② 焊盘孔径约为 0.8mm。

（2）电容 C4、C5 封装确定

① 引脚间的距离为 100mil。

② 焊盘孔径为 31mil。

③ 焊盘直径：因为两个焊盘之间的距离较近，焊盘直径不能做的太大，为了增加焊盘的抗剥离强度，将焊盘设计为椭圆形。

其中 X 方向为 65mil，Y 方向为 80mil。

④ 封装轮廓：半径为 100mil 的圆，正极性标志在 1#焊盘附近。

⑤ 与电路符号引脚之间的对应：焊盘号分别为 1、2，其中正极对应 1#焊盘。

如图 2-24 所示为绘制完成的 C4、C5 封装，其中 1#焊盘最好放置到坐标原点处。焊盘参数请按图 2-25 中 1#焊盘属性对话框的 X-Size（焊盘在 X 方向的直径）、Y-Size（焊盘在 Y 方向的直径）、Shape（焊盘形状）、Designator（焊盘号）、Hole Size（焊盘孔径）、Layer（工作层）等属性值进行设置。

2#焊盘的属性与 1#焊盘相同。

图 2-26 所示是封装轮廓的属性对话框，封装轮廓使用 PcbLibPlacementTools 工具栏中

的绘制圆图标 <img_1 inline icon> 进行绘制。封装轮廓的参数请按对话框中 Width（线宽）、Layer（工作层）、Radius（半径）进行设置。

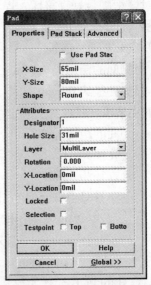

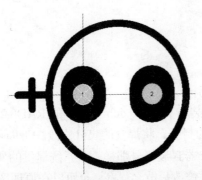

图 2-24　绘制完成的 C4、C5 封装   图 2-25　C4、C5 封装中焊盘的属性对话框

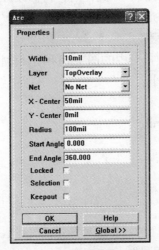

图 2-26　C4、C5 封装轮廓的属性对话框

绘制完毕，重新命名并保存。

五、三端稳压器 V1封装

本项目中使用的三端稳压器封装是 TO-126，这一封装已在系统提供的元器件封装库文件 Advpcb.ddb 中存在，如图 2-27 所示。

该封装的参数是焊盘孔径为 28mil，焊盘直径为 62mil。在实际使用时尺寸若有些小，可以将焊盘孔径和直径增大一些，另外该封装符号没有表示安装方向的标

图 2-27　系统提供的 TO-126 封装

识，在安装元器件时不方便。

综上所述，可以通过对 TO-126 符号进行修改而获得可用的三端稳压器封装。

在自己创建的 PCB 封装库文件中再新建一个画面，将系统提供的 TO-126 符号复制到新建画面中，最好将 1#焊盘放置到坐标原点处。按照图 2-28 所示的图形符号进行修改，其中焊盘参数请参照图 2-29 所示焊盘属性对话框中的 X-Size（焊盘在 X 方向的直径）、Y-Size（焊盘在 Y 方向的直径）、Shape（焊盘形状）、Designator（焊盘号）、Hole Size（焊盘孔径）、Layer（工作层）等属性值进行设置。焊盘形状设置为椭圆，是为了增加焊盘的抗剥离强度。矩形上面的双线表示安装散热片的一侧。

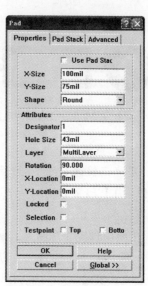

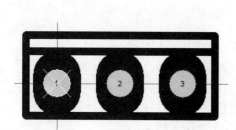

图 2-28　修改后的 TO-126 封装　　　　图 2-29　TO-126 封装中的焊盘参数设置

修改后，重新命名并保存。

六、电阻封装

本项目中使用的电阻是 1/16W 金属膜电阻，卧式安装。元器件在卧式安装时，引脚不能从根部折弯，如图 2-30 所示。因为电阻的体积较小，两个引脚之间的距离比较近，经过测量，两个引脚间的距离是 200mil。

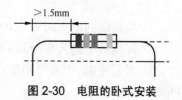

图 2-30　电阻的卧式安装

在系统提供的常用封装库 Advpcb.ddb 中，电阻的封装是 AXIAL 系列，焊盘之间的距离为 300～1000mil，即 AXIAL0.3～AXIAL1.0，但是本例中电阻两个引脚之间的距离只有 200mil，需要自己绘制。

因为 1/16W 金属膜电阻的引脚比较细，确定焊盘参数时，可以参考系统提供的电阻封装的焊盘参数，在此基础上减小孔径和焊盘直径即可。

绘制完成的电阻封装如图 2-31 所示，其中两个焊盘之间的距离为 200mil，焊盘的参数设置，如焊盘直径：在 X 方向、Y 方向，焊盘孔径 Hole Size 的值如图 2-32 焊盘属性对话框中内容所示，焊盘号分别为 1 和 2。1#焊盘应在坐标原点处。

电阻封装的轮廓在 TopOverLay 工作层绘制。

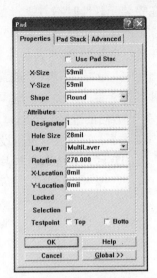

图 2-31　自己绘制的电阻封装　　　　图 2-32　电阻封装中焊盘的参数设置

绘制完毕，重新命名并保存。

七、发光二极管 L1、L2 封装

本项目中 L1、L2 采用的是 Φ3mm LED，如图 2-33 所示，即管帽的直径为 3mm。

LED 在使用时应注意两点。一是两个引脚有正负极，这一点从封装外形上就可以看出，长的引脚是正极；二是 LED 在安装时多数是立式安装，即两个引脚直接插入 PCB 中，因此最好与引脚的实际距离一致，这样不容易损坏。

图 2-33　LED

在系统提供的常用封装库 Advpcb.ddb 中，没有 LED 的封装，只有普通二极管的封装符号 DIODE0.4 和 DIODE0.7，即两个焊盘之间的距离分别为 400mil 和 700mil，距离比较大不适合使用，因此 LED 的封装应自己绘制。

（1）实际测量参数

① 引脚间的距离约为 100mil。

② 焊盘孔径约为 0.8mm。

③ 封装轮廓：因为管帽是直径为 3mm 的圆，考虑留有余地，可以绘制一个直径是 4mm 的圆。

（2）发光二极管 L1、L2 封装参数确定

① 引脚间的距离为 100mil。

② 焊盘孔径为 30mil。

③ 焊盘直径。因为两个焊盘之间的距离较近，所以焊盘直径不能太大，为了增加焊盘的抗剥离强度，可将焊盘设计为椭圆形。又为了使正负极更加明显，可将正极的焊盘设计为矩形。

焊盘在 X 方向的直径为 55mil，在 Y 方向的直径为 65mil。

④ 封装轮廓。半径为 80mil 的圆，在 TopOverLay 工作层绘制。

⑤ 与电路符号引脚之间的对应。LED 的图形符号如图 2-34 所示，图 2-34 中两个引脚显示的 A 和 K 分别是正极和负极的引脚号 Number，因此 LED 封装符号中的焊盘号也分别应为 A 和 K，这一点要特别注意。

绘制完成的 LED 封装符号如图 2-35 所示。在绘制该符号时应注意因为在印制板中对 L1 和 L2 的位置有要求，且位置尺寸是以封装符号的中心为基准，即坐标原点应在两个焊盘水平方向的中间位置，这样该图形符号就是以原点为整个封装符号的中心。

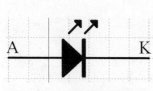

图 2-34 LED 的图形符号

图 2-35 LED 的封装符号

坐标原点确定在封装中心这一点至关重要，在绘制这一封装符号时要特别注意，否则会直接影响到后面的操作。将封装中心作为基准点的操作是在 PCB 封装库文件的该元件画面中，执行菜单命令 Edit → Set Reference → Center。

图 2-36 所示是 1#焊盘即焊盘号为"A"的属性对话框，图中焊盘形状 Shape 的属性值是 Rectangle（矩形），在焊盘号为"K"的属性设置中将这一项设置为 Round，其余按照图 2-36 所示设置即可。

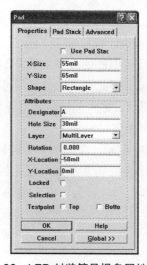

图 2-36 LED 封装符号焊盘属性设置

绘制完毕，重新命名并保存。

八、开关 K1封装

本项目使用的是按钮微动开关，如图 2-37 所示。从图中看出实际的开关有 4 个引脚，而开关的图形符号只有 2 个引脚，因此绘制开关封装时的重要内容除了测量引脚的间距、孔径等参数，就是确定实际开关封装与电路符号引脚之间的对应。

图 2-37　开关

（1）实际测量参数

① 引脚间的距离。两个短边焊盘之间的距离小于 4.6mm，两个长边焊盘之间的距离小于 6.5mm。

② 焊盘孔径约为 1mm，应测量引脚中最宽的尺寸。

③ 封装轮廓为矩形，可以沿焊盘外侧绘制一个矩形。

（2）开关封装确定

① 引脚间的距离。两个短边焊盘之间的距离为 176mil，两个长边焊盘之间的距离为 256mil。

② 焊盘孔径为 39mil。

③ 焊盘直径为 75mil。

④ 封装轮廓为矩形，沿焊盘外侧绘制一个矩形。

⑤ 与图形符号引脚之间的对应。开关的图形符号如图 2-38 所示，图中引脚处的 "1"、"2" 分别为两个引脚的引脚号 Number。

通过实际测量确定了实际的开关引脚的分布如图 2-39 所示。从图中看出，4 个引脚实际上组成了两个并联在一起的开关。因此开关的焊盘号可以分别设置为 "1" 和 "2"，将两个连在一起焊盘的焊盘号均设置为 1，另两个连在一起焊盘的焊盘号均设置为 2，这样开关封装就可以正常使用了。

绘制完毕的开关封装如图 2-39 所示。在绘制开关封装时要注意，由于在本项目中对开关的位置有要求，而且是以开关的中心为基准点，因此封装符号应将原点作为整个封装的中心，同时按 "七、发光二极管 L1、L2 封装" 中介绍的方法将原点设置与封装的基准点。

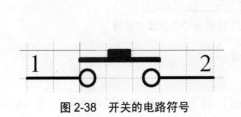

图 2-38　开关的电路符号

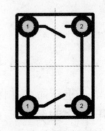

图 2-39　开关的引脚分布

绘制完毕，重新命名并保存。

九、集成电路芯片 U1 封装

U1 是 16 引脚双列直插式集成芯片，这是标准封装，因此可采用 Advpcb.ddb 中提供的 DIP16。但是系统提供的 DIP16 封装中，焊盘直径的尺寸较小，可以将 DIP16 复制到自己建的封装库文件中，再加大焊盘直径尺寸，最好将 1#焊盘放置到坐标原点处。修改后的 DIP16 封装如图 2-40 所示，图 2-41 所示为 2#～16#焊盘属性设置，1#焊盘属性设置中只需将 Shape 的选项设置为 Rectangle 即可。

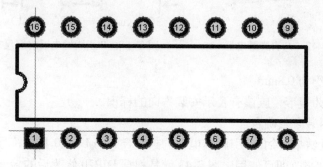

图 2- 40　修改后的 DIP16 封装

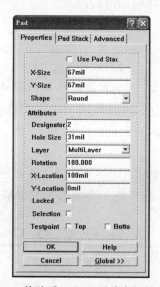

图 2- 41　修改后 DIP16 封装中的焊盘参数

注意修改后，最好对封装符号重新命名，尽量别与系统提供的封装重名。

十、三极管 T1 封装

三极管 T1 的引脚在本项目"任务一绘制原理图元器件符号"的"四、绘制三极管的图形符号"中已经详述，并且将三极管图形符号中的引脚号修改完毕，可以直接使用系统提供的 TO-92A。

十一、继电器 JDQ 封装

本项目使用的是 8 引脚继电器，如图 2-42 所示。

（1）实际测量参数

① 引脚间的距离。测量参数如图 2-43 所示。

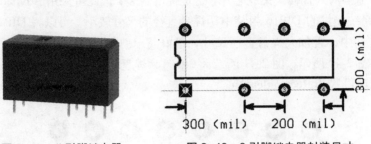

图 2-42　八引脚继电器　　　图 2-43　8 引脚继电器封装尺寸

② 焊盘孔径约为 0.8mm。

③ 封装轮廓为矩形，应该有表示安装方向的标识。

（2）继电器封装参数确定

根据以上测量结果可知，8 引脚继电器的封装尺寸与 DIP20 封装符号的尺寸基本一致，只要将 DIP20 稍加修改即可使用，图 2-43 就是根据 DIP20 修改后的封装符号。

① 引脚间的距离参照图 2-43 所示进行修改。

② 焊盘孔径为 31mil。

③ 焊盘直径为 67mil。

④ 封装轮廓参照图 2-43 所示绘制。

⑤ 与图形符号中的引脚对应：因为在本项目"任务一绘制原理图元器件符号"的"三、绘制继电器图形符号"中已经根据实物确定了图形符号的引脚号，因此按照图形符号设置封装符号的焊盘号即可，如图 2-43 所示。

（3）绘制步骤

在自己建的 PCB 封装库文件中新建一个画面，将 PCB 封装库 Advpcb.ddb 中的 DIP20 封装复制到这个新建的画面中，最好将 1#焊盘放置到坐标原点处，如图 2-44 所示。

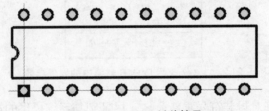

图 2-44　DIP20 封装符号

DIP20 两排引脚之间的距离为 300mil，符合继电器两排引脚的间距；每个焊盘之间的距离为 100mil，从图 2-43 中可以看出继电器每排焊盘之间的间距都是 100mil 的整数倍，所以可通过删除多余焊盘的方法对 DIP20 进行修改；焊盘的距离符合要求后，按图 2-43 所示修改焊盘号和其他参数，最后修改矩形轮廓。

重新命名后，保存该封装。

十二、双色发光二极管 L3 封装

本项目采用的双色发光二极管如图 2-45 所示。LED 是立式安装，引脚最好不经过加工直接插入 PCB。

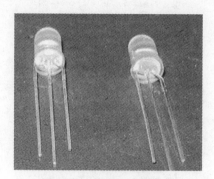

图 2- 45 双色发光二极管

（1）实际测量参数

① 引脚间的距离约为 100mil。

② 焊盘孔径约为 0.8mm。

（2）双色发光二极管 L3 封装确定

① 引脚间的距离为 100mil。

② 焊盘孔径为 32mil。

③ 焊盘直径。因为两个焊盘之间的距离较近，所以焊盘的直径不能太大，为了增加焊盘的抗剥离强度，将焊盘设计为椭圆形。

焊盘在 X 方向的直径为 75mil，在 Y 方向的直径为 100mil。

④ 封装轮廓，可以绘制为矩形。

⑤ 与图形符号引脚之间的对应。按照本项目"任务一"中图 2-7 所示双色 LED 图形符号中的引脚号，封装符号的焊盘号分别为 G、K、R，图 2-46 所示为双色 LED 的图形符号和外形图，从图中可知中间的引脚是公共端，所以 K# 焊盘在中间。

从 PCB 的设计要求可知，双色 LED 在放置时对位置有具体要求，而且是以双色 LED 的中心为基准点，所以在绘制该封装符号时，应将中间焊盘放置在坐标原点，并将其设置为封装基准点，绘制完成的封装符号如图 2-47 所示，图 2-48 所示为焊盘的属性设置对话框。

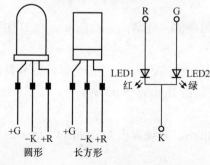

图 2- 46 双色 LED 的图形符号和外形图

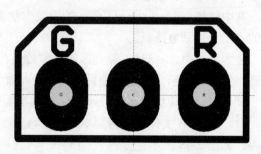

图 2- 47 双色 LED 的封装

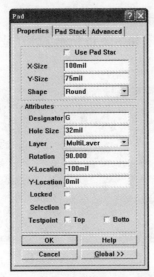

图2-48 双色LED封装中的焊盘参数

绘制完毕，重新命名并保存。

任务三　绘制原理图与创建网络表

根据表 2-1 所示的元器件属性列表绘制如图 2-1 所示的电路图。

按照项目一中任务五的操作步骤，创建图 2-1 对应的网络表文件。

任务四　绘制单面印制板图

因为在项目一的"任务六　绘制单面 PCB 图"中已经比较详细地介绍了利用自动布局手工布线绘制单面印制板图的方法，在本节中只介绍与本项目要求有关的操作，其余操作步骤不再赘述。

一、规划电路板

如项目一所述，单面印制板图需要以下工作层。

顶层 Top Layer、底层 Bottom Layer、机械层 Mechanical Layer、顶层丝印层 Top Overlay、多层 Multi Layer、禁止布线层 Keep Out Layer。

其中机械层 Mechanical Layer 的设置方法参见项目一的"任务六　绘制单面 PCB 图"中的"二、规划电路板"。

在本项目中，由于 L1 等元器件指定放置在底层 Bottom Layer，相应的元器件标号就是在底层丝印层显示，因此本项目中还需要增加底层丝印层 BottomOverLay。

调出底层丝印层 BottomOverLay 的方法如下。

（1）在 PCB 文件中执行菜单命令 Design → Options，系统弹出 Document Options 对话框，如图 2-49 所示。

（2）在 Document Options 对话框中选择 Layers 选项卡，在 Layers 选项卡中选择 Bottom Overlay，单击【OK】按钮，则 Bottom Overlay 标签出现在屏幕下方的工作层标签中，如图 2-50 所示。

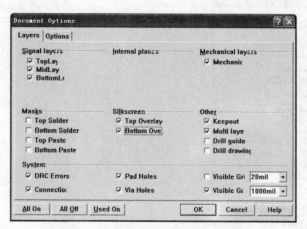

图 2- 49　Document Options 对话框

图 2-50　Bottom Overlay 标签出现在工作层标签中

二、绘制物理边界和安装孔

1. 绘制物理边界

在机械层 Mechanical4 Layer 按图 2-2 所示绘制电路板的物理边界。

2. 绘制安装孔

按图 2-2 所示绘制安装孔。安装孔的绘制应分两个步骤，一是在安装孔位置放置过孔，二是在 KeepOutLayer 工作层再绘制一个圆。

在 PCB 文件中单击 PlacementTools 工具栏中的放置过孔图标，按【Tab】键在弹出的 Via 属性对话框中按图 2-51 所示设置过孔外径 Diameter、过孔孔径 Hole Size、过孔开始工作层 Start Layer 和终止工作层 End Layer 属性。

安装孔的圆心坐标 X-Location、Y-Location 要严格按照安装孔的位置要求，以及当前原点的位置进行设置。

将当前工作层设置为 KeepOutLayer，单击 PlacementTools 工具栏中的绘制圆图标，在放置过孔的位置绘制一个与过孔孔径相等的同心圆。

绘制完成的电路板边界与安装孔如图 2-52 所示，图中外层边界是物理边界，内层边界是电气边界。

三、装入网络表

1. 绘制电气边界

将当前层设置为 KeepOutLayer。在物理边界的内侧绘制电气边界，绘制完成电气边界的效果如图 2-52 所示。

2. 加载元器件封装库

本项目所需的元器件封装库一个是系统提供的元器件封装库 Advpcb.ddb，另一个是自

已建的元器件封装库。

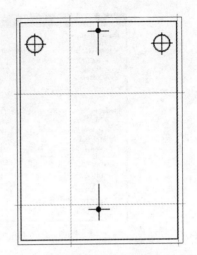

图 2-51　安装孔（过孔）的属性设置　　　图 2-52　绘制完成的电路板边界与安装孔

对于系统提供的元器件封装库 Advpcb.ddb，如果没有加载，参见"项目一、任务六、绘制印制板图"的"三、加载元器件封装库"中介绍的方法进行加载。

对于自己创建的元器件封装库，只要在设计数据库文件（.ddb 文件）中打开即可使用。

3. 装入网络表

在 PCB 文件中执行菜单命令 Design → Load Nets，将根据原理图产生的网络表文件装入到 PCB 文件中，装入网络表后的情况如图 2-53 所示。

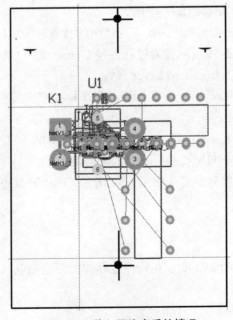

图 2-53　装入网络表后的情况

四、元器件布局

1. 放置有位置要求的元器件

在本项目中 LED 和开关等元器件要求放置在印制板的指定位置，对于有位置要求的元器件应该在布局时首先放置。本项目的一个重点内容就是介绍对有位置要求的元器件封装符号的放置方法。

为了布局方便，先将所有元器件封装符号移出 PCB 边界，如图 2-54 所示。移出的方法是在元器件封装符号四周划出一个虚线框后单击，选择所有的元器件，然后在元器件上按住鼠标左键，将其拖动到边界外面。

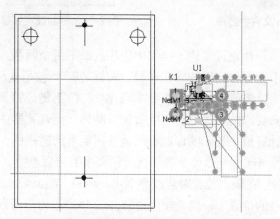

图 2-54　将所有元器件移到 PCB 边界外

（1）操作思路

将元器件封装符号移到指定位置，按要求设置元器件所在工作层（顶层 Top 或底层 Bottom），调整元器件封装符号的方向和标号位置，将元器件位置锁定。

（2）操作方法

下面以放置发光二极管 L1 为例进行介绍。

① 拖动 L1 到指定位置。由于元器件封装符号堆积在一起，要从中找出 L1 比较麻烦。下面介绍一种简单方法可以快速查找到 L1，并进行移动。

在 PCB 文件左边的管理器窗口，按如图 2-55 所示的界面进行设置，选中 L1 后单击【Select】按钮，执行菜单命令 Edit → Move → Move Selection，光标变成十字形，将十字形光标在图 2-54 所示的元器件封装符号上单击，则 L1 符号会粘在光标上并随光标移动，此时将 L1 移到指定位置，单击主工具栏的 图标，取消 L1 的选择状态。

② 将 L1 放置到底层 BottomLayer 并锁定位置。双击 L1，在弹出的 Component 对话框中选择工作层 Layer 为 Bottom Layer，选择锁定选项 Locked，单击【OK】按钮后，将 L1 放置到底层并锁定位置。

元器件封装符号位置被锁定后仍可移动，只是移动时系统会弹出一个对话框询问这个符号是被锁定的是否继续，如图 2-56 所示，单击【Yes】按钮可以移动，单击【No】按钮保持位置不变。

移动 L1 的标号，将其放置到合适位置。

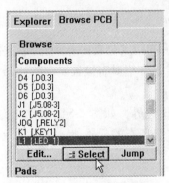

图 2-55　在 PCB 文件中选择 L1

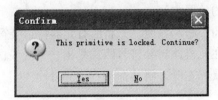

图 2-56　移动锁定封装符号时的对话框

在放置元器件封装到指定位置这一操作中应注意以下两个问题。

第一个问题：如果元器件封装放置在底层，则封装符号是反的，包括元器件标号也是反字。在这种情况下，封装符号一般不能用【X】键或【Y】键做镜像翻转，特别如集成电路芯片封装这种有方向要求的符号绝对不能做镜像翻转，而且元器件标号也绝对不能做镜像翻转，这是因为在计算机上显示的印制板图是从顶层看的透视图。

第二个问题：一般可通过元器件封装属性对话框中的位置参数 X-Location、Y-Location 来确定封装符号的定位。在确定位置时应注意 X-Location、Y-Location 是指封装符号在封装库文件中确定的参考点的位置。一般元器件封装多以 1#焊盘为参考点，则对应的封装位置参数 X-Location、Y-Location 就是 1#焊盘所在位置。

本项目中因为 L1 的位置要求中指定的是元件中心的位置，在绘制 L1 封装时已经考虑到这一点，已将元件封装符号的中心设置为参考点，所以可根据对 L1 位置的要求和当前原点的位置准确设置 X-Location、Y-Location 的坐标值。

对于系统元器件封装库中提供的封装符号，如果不知道参考点的具体位置，可以通过简单方法确定。将该元器件封装符号放置到 PCB 文件中，在该封装符号上按住鼠标左键拖动，则光标自动跳到符号的参考点。

如果按以上步骤操作时光标没有自动跳到封装符号的参考点，则执行菜单命令 Tools → Preferences，在弹出的 Preferences 对话框中选择 Options 选项卡，查看在该选项卡中是否选择了 Snap to Center 选项，如果没有选择该项，在操作时就不会出现光标自动跳到参考点的现象。如果已选择该项，但在操作时光标没有自动跳到参考点，则要在该元器件封装库中查看其参考点的设置，是否远离封装图形符号。

按以上操作方法，放置所有有位置要求的元器件封装图形符号，完成后如图 2-57 所示。

2．调整其他元器件布局

在调整其他元器件布局时，应注意因为已有部分元

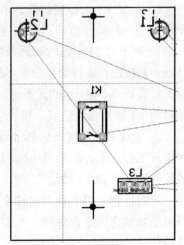

图 2-57　指定位置元器件的封装

器件的位置事先被固定，在设计布局时要同时兼顾信号流向、元器件之间连线最短、发热元件的位置等因素，布局完成后如图 2-58 所示。

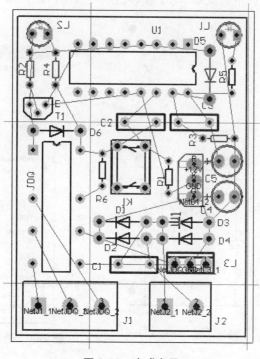

图 2-58 完成布局

五、手工布线

1. 调整焊盘参数

本项目中的电容 C1～C3 采用系统直接提供的封装符号 RAD0.2，其中的焊盘参数需要根据实际的元器件进行调整，以下介绍调整方法。

双击 C1 中的任一焊盘，弹出焊盘属性对话框，在对话框中将焊盘的 X-Size 和 Y-Size 的属性值修改为 68mil，将 Hole Size 的属性值修改为 31mil。

按以上方法，修改 C1～C3 的六个焊盘参数。

2. 布线要求解读

在设置布线规则前，首先梳理一下本项目对线宽的要求。

① 信号线宽为 20mil。

② +12V 和接地线 GND 网络的线宽为 40mil。

③ 电路中电源部分的线宽为 40mil。

对于电源部分的线宽要求必须从原理图中找出相应的连接，才能进行设置。电源部分的电路如图 2-59 所示，从图中可以看出，电源部分包括输入端连接器 J2，电容 C1、C4、C5，二极管 D1～D4，三端稳压器 V1，要设置这些元器件连接导线宽度，必须找出这些元器件各个引脚所在的网络。

以查找 J2 的两个引脚到 C1 两个引脚的连接为例，介绍一种简单的查找方法。

将当前界面调到图 2-58 所示 PCB 文件中,在图中找到 J2 或 C1,双击 J2 (C1) 的一个焊盘如 J2 的 1#焊盘,在弹出的 Pad 属性对话框中选择 Advanced 选项卡,如图 2-60 所示。在图 2-60 的 Net 一栏中显示的就是 J2 的 1#焊盘所连接的网络,图 2-60 中显示 J2 的 1#焊盘连接在 NetJ2_1 网络。

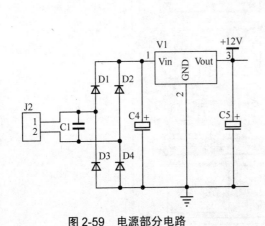

图 2-59　电源部分电路　　　　图 2-60　通过焊盘查找连接网络

按照这种方法,可以查到以上所列的所有元器件的连接网络。当然在查找过程中,连接在一起的各个引脚可以只查一个焊盘即可。

也可以通过网络表文件中的电气连接关系(小括号中的内容)来查找。

通过查找,以上所列元器件的连接网络包括 NetJ2_1、NetJ2_2、NetD1_2 这样 3 个网络,即需要将这 3 个网络的线宽设置为 40mil。

④ 输出端连接器 J1 到继电器的线宽至少为 70mil。

由于本项目所采用的 PCB 的尺寸较小,很难做到线宽 70mil 的走线,因此在工程上通常会采用一种迂回的方法来实现宽线宽要求,而在设置布线规则时将线宽设置的较小,本例中将输出端连接器 J1 到继电器的线宽设置为 35mil。

输出端连接器 J1 到继电器的连接涉及到以下几个网络。

NetJ1_1、NetJDQ_3、NetJDQ_2。

3. 设置布线规则

在 PCB 文件中执行菜单命令 Design → Rules,在弹出的对话框中选择 Routing 选项卡,在 Routing 选项卡中选择 Width Constraint 规则,如图 2-61 所示。

(1) 设置信号线宽为 20mil

信号线宽应该是线宽规则中对应范围是整个 PCB 的规则,所以应该在图 2-61 所示的范围 (Scope) 是整个板 (Board) 的规则上进行修改。方法是在图 2-61 中单击【Properties】按钮,在弹出的 Max-Min Width Rule 对话框中按图 2-62 所示的界面将最小线宽 (Minimum)、最大线宽（Maximum）、首选线宽（Preferred）全部设置为 20mil，设置完毕，单击【OK】按钮返回 Design Rules 对话框，此时显示线宽的整个 PCB 的规则都是 20mil，如图 2-63 所示。

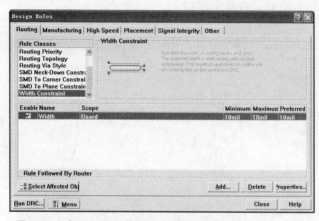

图 2-61　在 Routing 选项卡中选择 Width Constraint 规则

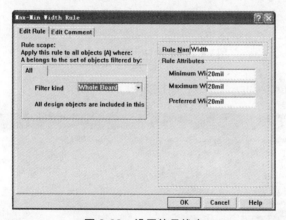

图 2-62　设置信号线宽

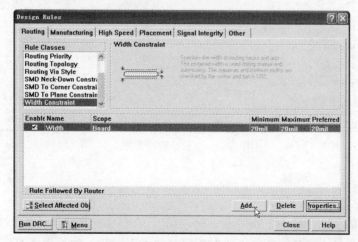

图 2-63　信号线宽设置完成返回 Design Rules 对话框

（2）设置 NetJ2_1 网络线宽为 40mil

在图 2-63 中单击【Add】按钮，在弹出的 Max-Min Width Rule 对话框中按图 2-64 所示的界面进行设置，设置完毕单击【OK】按钮，返回 Design Rules 对话框，此时在 Design Rules 对话框下方的规则列表中显示有两个规则。

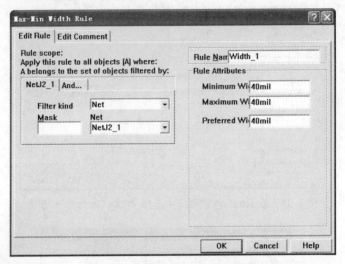

图 2-64　设置 NetJ2_1 网络线宽

全部线宽设置后的 Design Rules 对话框如图 2-65 所示。

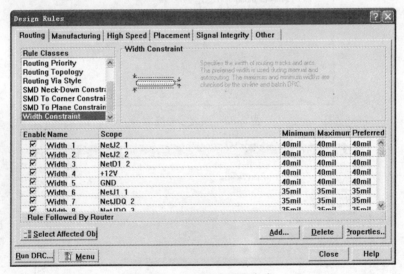

图 2-65　全部线宽设置完成

4．手工布线

将当前层设置为 BottomLayer。

（1）在 U1 的 1#、2#、5#、6#、7#、9#、10#、11#、12#外侧分别放置焊盘，然后单击 PlacementTools 工具栏中的 图标，绘制铜膜导线做引出线，如图 2-66 所示。

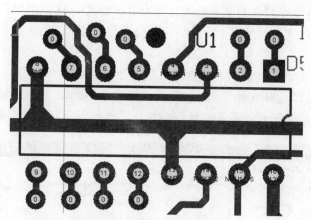

图 2-66　在 U1 周围放置焊盘

（2）单击 PlacementTools 工具栏中的 图标，按飞线指示绘制其他铜膜导线。因为已经设置了各个网络的线宽，所以划线时不必考虑线宽，在图 2-67 所示的 PCB 中只有 J1 的 3 个焊盘没有连线。

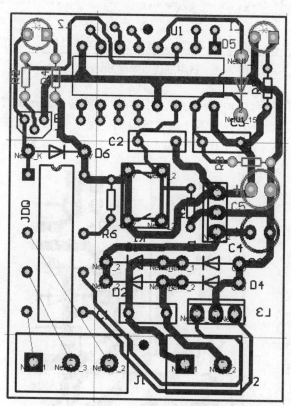

图 2-67　项目二大部分网络连线后的情况

（3）按照项目一中介绍的方法，将凡是有 90°拐弯的地方用矩形填充改为 45°，如 U1 芯片上接地线的几个 45°。

(4) 绘制 J1 中 3 个焊盘的铜膜导线。因为用户要求从 J1 到继电器的线非常粗，但由于板面限制不可能做到这一点，下面介绍一种在工程上经常使用的在有限板面中加宽线宽的方法。

① 在 BottomLayer 工作层按飞线指示绘制 J1 到继电器的铜膜导线。

② 调出底层阻焊层 Bottom Solder。执行菜单命令 Design → Options，选择 Layers 选项卡，在对话框中选择 Bottom Solder 底层阻焊层，如图 2-68 所示，而后单击【OK】按钮。

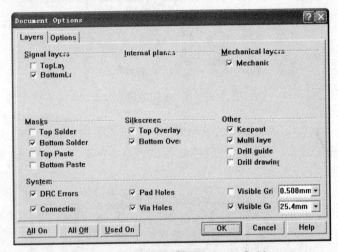

图 2-68 选中底层阻焊层 Bottom Solder

③ 将当前层设置为 Bottom Solder 底层阻焊层，单击 PlacementTools 工具栏中的 图标，在 BottomLayer 已画好的线上再分别重新绘制一次从 J1 到继电器的三条连线。如果采用默认设置，在 Bottom Solde 工作层绘制的线应为紫色，如图 2-69 所示。

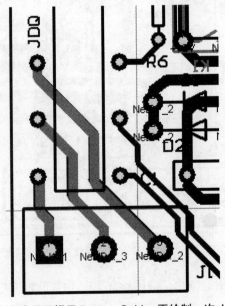

图 2-69 在底层阻焊层 Bottom Solder 再绘制一次 J1 的连线

这样做的目的是通过在底层阻焊层上划线,使该线裸露出来,这样可以通过堆锡达到加粗导线的目的。

任务五　原理图与 PCB 图的一致性检查

按照项目一中介绍的方法,根据 PCB 文件再产生一个网络表文件,而后对根据原理图文件和 PCB 文件产生的两个网络表进行比较,比较结果如下。

两个网络表中互相匹配的网络。

Matched Nets	NetU1_15 and NetU1_15
Matched Nets	NetU1_4 and NetU1_4
Matched Nets	NetU1_3 and NetU1_3
Matched Nets	NetR6_2 and NetR6_2
Matched Nets	NetR5_1 and NetR5_1
Matched Nets	NetR4_1 and NetR4_1
Matched Nets	NetR2_1 and NetR2_1
Matched Nets	NetL3_1 and NetL3_1
Matched Nets	NetL2_K and NetL2_K
Matched Nets	NetK1_2 and NetK1_2
Matched Nets	NetJDQ_6 and NetJDQ_6
Matched Nets	NetJDQ_3 and NetJDQ_3
Matched Nets	NetJDQ_2 and NetJDQ_2
Matched Nets	NetJ2_2 and NetJ2_2
Matched Nets	NetJ2_1 and NetJ2_1
Matched Nets	NetJ1_1 and NetJ1_1
Matched Nets	NetD1_2 and NetD1_2
Matched Nets	GND and GND
Matched Nets	+12V and +12V

```
------------------------------------------------
```

Total Matched Nets	= 19	//互相匹配网络统计
Total Partially Matched Nets	= 0	//不匹配网络统计
Total Extra Nets in s_b1.NET	= 0	//多余网络统计
Total Extra Nets in Generated SB1xin.Net = 0		
Total Nets in s_b1.NET	= 19	// s_b1.NET 中的网络总数
Total Nets in Generated SB1xin.Net	= 19	// Generated SB1xin.NET 中的网络总数

比较结果是两个图完全相同。

任务六　本项目工艺文件

1. 所用单面板的要求

如果单面板画图时图层选择错误，或图层的镜像有错误，或字符的镜像有错误，极容易出现做成反图的情况，一旦出现这种情况，可能（如有金插指或贴片 IC 等）会使 PCB 报废。

2. 板厚

板材厚度决定电路板的机械强度，同时影响成品板的安装高度，所以加工时要注明板厚，1.6mm 是较通用的板厚，如果未标板厚，一般加工厂会按 1.6mm 处理。

如果板材的厚度不选择 1.6mm，就必须标注板材的厚度。考虑到此板的面积不大，板上的元器件不多且没有太重的元器件，1.6mm 的厚度就足够了。

3. 板材

选择酚醛纸基阻燃板是为了降低成本。

4. 铜箔厚度

考虑到电源可能有较大的电流，本图所用稳压元件是 7812，最大工作电流为 1A，铜箔如果太薄会影响过电流的能力。同时，继电器有一组触点过电流较大，应该增加铜箔的厚度，以确保足够的过电流。

5. 孔径和孔位均按文件中的定义

主要强调的是各孔的孔径均已编辑准确。

6. 表面处理

选择化学沉银也是为了降低成本，虽然可焊性略微差一点，但是成本能有较大幅度的降低。

7. 字符颜色

字符颜色通常为白色。单面板只在插件面印字符，本例因安装要求需在焊接面插件，所以必须两面印字符，而制板厂在处理单面板时容易忽略底层的字符，所以有必要提醒一下。

8. 阻焊颜色

阻焊颜色为绿色继电器有一组触点过流较大，恐单纯增加铜箔厚度，不能确保足够过流，故将这些线条不阻焊，这样可在焊接时通过堆锡来增加截面积。注意：部分线条在阻焊层要开窗（裸露出）。

9. 数量

已做完试验，正式投产，数量为 1000 片。

10. 工期

工期为 10 天。因为数量略大，应该给制板厂留出一定的加工周期。

注：工艺文件中的说明部分是对工艺要求的解释，在正式提交给制板厂时无需保留。

项目评价

学习收获	任务一：	
	任务二：	
	任务三：	
	任务四：	
	任务五：	
	任务六：	
能力提升		
存在问题		
教师点评		

项目三　单片机电路的双面印制板设计

项目三的任务目标是利用电子 CAD 软件 Protel 99 SE 完成单片机电路的双面印制板设计。图 3-1 所示为电路图，该电路图对应的元器件属性见表 3-1。本项目的重点一是电阻排封装确定，二是电路中有核心元器件的布局原则，三是在单片机电路中对晶体和晶振电路中电容的位置要求，四是在手工布线方面学习在不同工作层绘制同一导线的操作方法，五是利用多边形填充进行整板铺铜的方法。

本项目电路图中隐去了所有元器件标注，如果由此给您带来不便，敬请谅解。

从本项目开始，元器件属性列表中封装属性 Footprint 的内容均为待定，本项目所有元器件封装的确定均在"项目三、任务二"中给出。

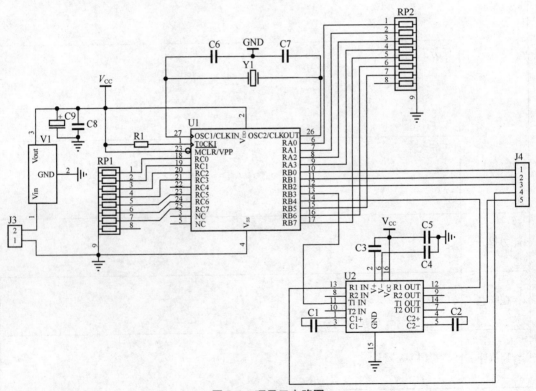

图 3-1　项目三电路图

表 3-1　　　　　　　　　　　　　项目三电路元器件属性列表

LibRef	Designator	Comment	Footprint
CON2	J3		待定

续表

LibRef	Designator	Comment	Footprint
CON5	J4		待定
VOLTREG	V1		待定
CAP	C1～C8		待定
ELECTRO1	C9		待定
RES2	R1		待定
自制	RP1、RP2		待定
自制	U1		待定
自制	U2		待定
CRYSTAL	Y1		待定

元器件库：Miscellaneous Devices.ddb

 项目描述

学习目标	任务分解	教学建议	课时计划
（1）绘制原理图元器件符号	① 绘制电路符号 U1； ② 绘制电路符号 U2； ③ 根据电路图中 RP1、RP2 修改元器件库中的电阻排符号	以学生自己绘制为主，教师辅导为辅	2学时
（2）绘制本项目中的封装符号	① 绘制电解电容 C9 封装； ② 根据 J3 要求修改元器件封装库中有关连接器符号； ③ 其他元器件的封装确定	在学习了前几个项目基础上，教师可指导学生根据实际元器件自己确定本项目所有元器件封装	4学时
（3）绘制原理图与创建网络表	① 根据元器件属性列表绘制电路图。注意导线的正确连接和元器件封装属性不能为空； ② 根据原理图产生网络表	学生自己完成为主，教师辅导为辅	2学时
（4）绘制双面印制板图	① 规划电路板与根据尺寸要求绘制电路板的物理边界和安装孔； ② 绘制电气边界与装入网络表； ③ 有核心元器件的布局； ④ 其他元器件布局	教师重点介绍有核心元器件的布局原则，特别说明在单片机电路中晶振和晶振电路中电容的位置要求；在手工布线中重点介绍在不同工作层绘制同一导线的操作方法；利用多边形填充进行整板铺铜的方法	4学时

续表

学 习 目 标	任 务 分 解	教 学 建 议	课 时 计 划
（4）绘制双面印制板图	⑤ 调整某些元器件封装中的焊盘参数； ⑥ 根据线宽要求设置布线规则； ⑦ 根据飞线手工进行双面板布线； ⑧ 原理图与 PCB 图的一致性检查		
（5）编制本项目工艺文件	进一步了解工艺文件的编制	在教师指导下进行	1 学时

 项目分析

具体要求如下。

（1）根据要求绘制元器件符号 U1、U2、RP1 和 RP2。

（2）根据实际的元器件确定所有元器件封装。

（3）根据元器件属性列表绘制原理图并创建网络表文件。

（4）根据工艺要求绘制双面印制板图。

图 3-2 所示为 PCB 图的尺寸、安装孔位置与孔径，尺寸单位是 mm。

印制板图的具体要求。

① 印制板尺寸。宽为 74mm、高为 54mm，安装孔位置与孔径如图 3-2 所示。

② 绘制双面板。

③ 信号线宽为 15mil。

④ 接地网络和 VCC 的网络线宽为 40mil。

⑤ 从 J3 到三端稳压器 V1 输入端线宽为 60mil。

⑥ 分别在顶层 TopLayer 和底层 BottomLayer 对电路板进行整板敷铜。

⑦ 原理图与 PCB 图的一致性检查。

（5）编制工艺文件。

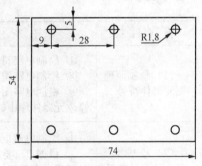

图 3-2 项目三 PCB 的尺寸要求

以上要求分别对应 5 个任务，通过后续任务的学习，最后完成该项目的任务目标。

在 Protel 99 SE 设计环境中，执行菜单命令 File→New，创建一个名为 Project3.ddb 的设计数据库文件，将其存放在指定文件夹下。该项目中的所有文件均保存在 Project3.ddb 中。

任务一　绘制原理图元器件符号

在图 3-1 所示的电路图中，RP1（RP2）、U1、U2 三个图形符号需自行绘制，以下分别进行介绍。

在 Project3.ddb 中新建一个原理图元器件库文件并将其打开,将在任务一中绘制的所有元器件符号均保存在该原理图元器件库文件中。

一、绘制 U2

在新建的原理图元器件库文件中靠近坐标原点(十字中心)位置按图 3-3 所示的界面绘制 U2。

矩形轮廓:高为 7 格,宽为 11 格,栅格尺寸为 10mil。

引脚参数。

Name	Number	Electrical Type	Length
C1+	1	Passive	30
V+	2	Passive	30
C1-	3	Passive	30
C2+	4	Passive	30
C2-	5	Passive	30
V-	6	Passive	30
T2 OUT	7	Passive	30
R2 IN	8	Passive	30
R2 OUT	9	Passive	30
T2 IN	10	Passive	30
T1 IN	11	Passive	30
R1 OUT	12	Passive	30
R1 IN	13	Passive	30
T1 OUT	14	Passive	30
GND	15	Passive	30
VCC	16	Passive	30

绘制完毕,重新命名并保存。

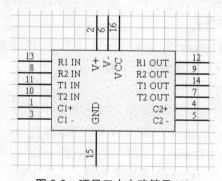

图 3-3 项目三中电路符号 U2

二、绘制电阻排 RP1、RP2

在原理图元器件库文件中执行菜单命令 Tools→New Component,新建一个元器件画面。以下每个元器件的图形符号都在新建画面中绘制。

RP1、RP2 可以通过修改 Miscellaneous Devices.ddb 元器件符号库中提供的电阻排符号 RESPACK4 获得。操作思路是先将系统提供的图形符号复制到自己建的元器件库文件中，再对其进行修改。

1. 将 RESPACK4 符号复制到自己创建的原理图元器件库文件中

（1）新建或打开一个原理图文件，在原理图文件中加载 Miscellaneous Devices.ddb 元器件符号库。

（2）在原理图文件左边的管理器窗口，按图 3-4 所示的界面进行设置。

（3）在图 3-4 中单击【Edit】按钮，打开 Miscellaneous Devices.ddb 元器件符号库中的 RESPACK 图形符号，如图 3-5 所示。

图 3-4　在原理图文件中查找 RESPACK4 符号　　　　图 3-5　打开的 RESPACK 图形符号

（4）在 RESPACK 符号中界面选择全部图形符号，执行菜单命令 Edit→Copy（或按【Ctrl】＋【C】键），此时光标变成十字形，将十字形光标在图形符号上单击，确定粘贴时的参考点（这一步骤一定要做）。

（5）关闭 Miscellaneous Devices.ddb 元器件符号库，在系统弹出的对话框询问是否保存更改时，单击【No】按钮（不改变原来库中的内容）。

2. 修改 RESPACK 符号

（1）将当前画面切换到自己建的原理图元器件库文件新建的画面中（注意：关闭 Miscellaneous Devices.ddb 元器件符号库后，系统返回的是原理图文件画面），单击主工具栏上的 图标，此时图形符号粘在十字形光标上并随光标移动，十字形光标的中心即是在上面"第（4）步"中单击的位置，在靠近十字中心的第 4 象限处单击，执行粘贴操作，单击主工具栏上的 图标去掉图形的选择状态。

（2）按图 3-6 所示的图形进行修改。

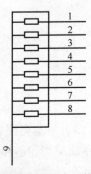

图 3-6　修改后的电阻排符号

引脚参数如下。

Name	Number	Electrical Type	Length（mm）
1	1	Passive	30
2	2	Passive	30
…			
9	9	Passive	30

引脚修改完毕，隐藏每个引脚的引脚名。

（3）修改完毕重新命名并保存。

三、绘制 U1

在原理图元器件库文件中新建一个画面，按图 3-7 所示的形式绘制 U1 符号。

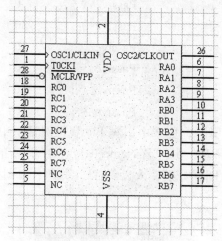

图 3-7 项目三中的电路符号 U1

矩形轮廓：高为 14 格，宽为 13 格，栅格尺寸为 10mil。

引脚参数如下。

Name	Number	Electrical Type	Length（mm）	CLK	Dot
TOCKI	1	Passive	30	√	
VDD	2	Power	30		
NC	3	Passive	30		
VSS	4	Power	30		
NC	5	Passive	30		
RA0	6	Passive	30		
RA1	7	Passive	30		
RA2	8	Passive	30		
RA3	9	Passive	30		
RB0	10	Passive	30		
RB1	11	Passive	30		
RB2	12	Passive	30		

RB3	13	Passive	30		
RB4	14	Passive	30		
RB5	15	Passive	30		
RB6	16	Passive	30		
RB7	17	Passive	30		
RC0	18	Passive	30		
RC1	19	Passive	30		
RC2	20	Passive	30		
RC3	21	Passive	30		
RC4	22	Passive	30		
RC5	23	Passive	30		
RC6	24	Passive	30		
RC7	25	Passive	30		
OSC2/CLKOUT	26	Passive	30		
OSC1/CLKIN	27	Passive	30	√	
$\overline{MCLR}/V_{PP}$	28	Passive	30		√

在放置第 1、第 27 引脚时,应选中引脚 Pin 属性对话框中的时钟标志 CLK,第 28 引脚的属性设置如图 3-8 所示,引脚名 Name 中应在字母 M 的后面输入一个反斜杠\, 在 C、L、R 三个字母后面同样分别输入反斜杠\,引脚名中则显示如图 3-7 中所示的取反标志。

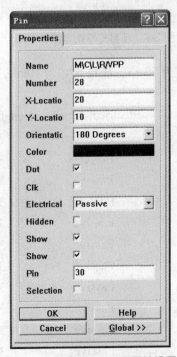

图 3-8 U1 中第 28 引脚属性设置

绘制完毕，重新命名并保存。

任务二　确定本项目封装符号

在 Project3.ddb 中新建一个 PCB 封装库文件并将其打开，将在任务二中绘制的所有元器件封装符号均保存在该封装库文件中。

一、电容 C1 ~ C8封装

C1 ~ C8 均为无极性电容，可直接使用系统提供的 RAD0.1，只是将焊盘的孔径加大到 31mil 即可。

二、电解电容 C9封装

电解电容封装已在项目一中介绍，这里只给出确定后的电解电容 C9 封装参数。

① 元器件引脚间的距离为 200mil。

② 引脚孔径为 31mil，则焊盘直径为 82mil。

③ 元器件轮廓：半径为 150mil。

④ 与元器件电路符号引脚之间的对应：焊盘号分别为 1、2，1#焊盘为正。

在自己建的 PCB 封装库文件中按如图 3-9 所示的形式绘制 C9 封装符号，最好将 1#焊盘放置在坐标原点处，封装轮廓在 TopOverLay 工作层绘制，焊盘属性设置如图 3-10 所示，正极标志在 1#焊盘附近。

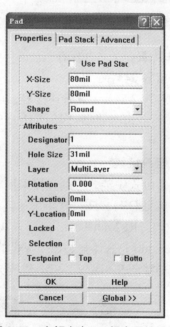

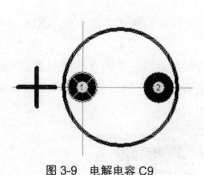

图 3-9　电解电容 C9　　　　　　图 3-10　电解电容 C9 焊盘属性设置

绘制完毕，重新命名并保存。

三、连接器 J3封装

因为连接器 J3 在输入端，输入的是电源信号，电流较大，所以采用 3.96mm 两针连接

器，在项目一中已经对 3.96mm 连接器做了较详细的介绍，按照项目一中介绍的方法，将 3.96mm 两针连接器封装 MT6CON2V 符号复制到自己建的 PCB 封装库文件的一个新画面中，按图 3-11 所示进行修改，图 3-12 所示是焊盘的属性设置。

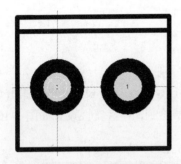

图 3-11 连接器 J3 封装符号

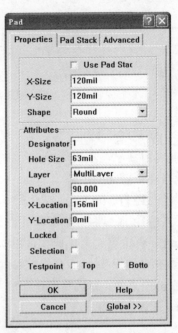

图 3-12 连接器 J3 焊盘属性设置

绘制完毕，重新命名并保存。

四、连接器 J4 封装

连接器 J4 是 2.54mm 五针连接器，可以直接采用 Advpcb.ddb 元器件封装库中提供的 SIP5。只是需要将 SIP5 的焊盘孔径 Hole Size 修改为 35mil，焊盘直径 X-Size、Y-Size 修改为 70mil。

五、电阻 R1 封装

电阻 R1 是卧式安装，可以直接采用 Advpcb.ddb 元器件封装库中提供的 AXIAL0.4。

六、电阻排 RP1、RP2 封装

电阻排 RP1、RP2 如图 3-13 所示。从图中可以看出电阻排是单列直插式封装，可以直接采用 Advpcb.ddb 元器件封装库中提供的 SIP9，只需要将 SIP9 的焊盘孔径 Hole Size 修改为 31mil，焊盘直径 X-Size、Y-Size 修改为 62mil 即可。

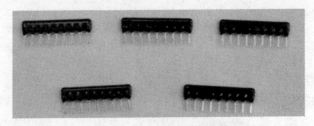

图 3-13 单列直插式电阻排

104

七、集成电路芯片 U1封装

集成电路芯片 U1 如图 3-14 所示。从图中可以看出，U1 是 28 引脚双列直插式封装，可以直接使用 Advpcb.ddb 元器件封装库中提供的 DIP28，只需要将 DIP28 的焊盘孔径 Hole Size 修改为 31mil，焊盘直径 X-Size、Y-Size 修改为 62mil 即可。

图 3-14　项目三中的集成电路芯片 U1

八、集成电路芯片 U2封装

集成电路芯片 U2 也是双列直插式封装，可以直接使用 Advpcb.ddb 元器件封装库中提供的 DIP16，只需要将 DIP16 的焊盘孔径 Hole Size 修改为 31mil，焊盘直径 X-Size、Y-Size 修改为 62mil 即可。

九、三端稳压器 V1封装

本项目中三端稳压器 V1 是卧式安装，如图 3-15 所示。这种安装方式占用空间较大，系统在 Advpcb.ddb 元器件封装库中已经提供了这种安装方式对应的封装符号 TO-220，如图 3-16 所示。

将图 3-16 中的焊盘参数稍加修改即可使用。其中 1#、2#、3#焊盘的参数修改如图 3-17 所示。

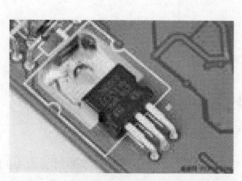

图 3-15　项目三中三端稳压器卧式安装图

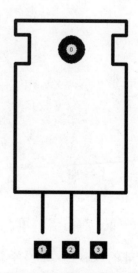

图 3-16　TO-220 封装符号

图 3-16 中散热片上 0#焊盘参数修改如图 3-18 所示，其中焊盘号应设置为 2，与图 3-16

中三个焊盘的中间焊盘相连，焊盘孔径和焊盘直径设置为一致。

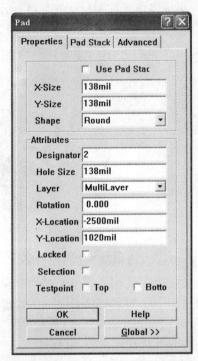

图 3-17 TO-220 封装符号中 1#、2#、3#焊盘的参数修改　　图 3-18 TO-220 封装符号中 0#焊盘的参数修改

修改后的 TO-220 封装符号如图 3-19 所示，图中散热片上大焊盘外围的圆是利用 PcbLibPlacementTools 工具栏上的绘制圆图标⊙在 TopOverLay 工作层上绘制的，圆的半径 Radius 为 80mil。

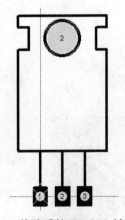

图 3-19 修改后的 TO-220 封装符号

在自己建的PCB封装库文件中新建一个画面，将Advpcb.ddb元器件封装库中的TO-220符号复制到以上新建的封装画面中进行修改，最好将1#焊盘放置到坐标原点处，修改后重新命名并保存。

十、晶体 Y1 封装

晶体 Y1 如图 3-20 所示，本项目中采用的晶体可以直接使用 Advpcb.ddb 元器件封装库中的 XTAL1。

图 3-20　晶体

任务三　绘制原理图与创建网络表

根据表 3-1 所示元器件属性列表绘制图 3-1 所示的电路图。

按照项目一中任务五的操作步骤，创建图 3-1 对应的网络表文件。

任务四　绘制双面印制板图

这是本教材中第一个双面印制板图设计实例，比较详细的介绍了双面印制板图的设计方法。

一、规划电路板

双面印制板图需要的工作层有以下几层。

顶层 Top Layer、底层 Bottom Layer、机械层 Mechanical Layer、顶层丝印层 Top Overlay、多层 Multi Layer、禁止布线层 Keep Out Layer。其中顶层 Top Layer 不仅放置元器件，还要进行布线。

机械层 Mechanical Layer 的设置方法参见项目一的"任务六　绘制单面 PCB 图"中的"二、规划电路板"。

1. 绘制物理边界

在机械层 Mechanical4 Layer 按印制板尺寸要求绘制电路板的物理边界。

2. 绘制安装孔

安装孔包括过孔和过孔外围的圆。

在 PCB 文件中单击 PCBLibPlacementTools 工具栏中的放置过孔图标 ，按【Tab】键在弹出的 Via 属性对话框中按图 3-21 所示设置过孔外径 Diameter、过孔孔径 Hole Size、过孔开始工作层 Start Layer 和终止工作层 End Layer 属性。

过孔的圆心坐标 X-Location、Y-Location 要严格按照安装孔的位置要求，以及当前原点的位置进行设置。

将当前工作层设置为 KeepOutLayer，单击 PCBLibPlacementTools 工具栏中的绘制圆图标 ，在放置过孔的位置绘制一个与过孔孔径相等的同心圆。

3. 绘制电气边界

将当前工作层设置为 KeepOutLayer。

在物理边界的内侧绘制电气边界，绘制完成的效果如图 3-22 所示，图中外侧是物理边界，内侧是电气边界。

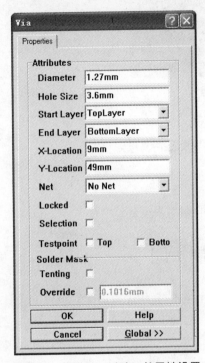

图 3-21 安装孔（过孔）的属性设置

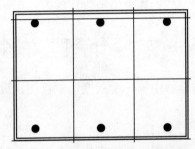

图 3-22 物理边界、电气边界和安装孔绘制完成后的情况

二、装入网络表

1. 加载元器件封装库

本项目所需的元器件封装库一个是系统提供的元器件封装库 Advpcb.ddb，一个是自己建的元器件封装库。

对于系统提供的元器件封装库 Advpcb.ddb，如果没有加载，参见"项目一"中"任务六绘制印制板图"中"三、加载元器件封装库"中介绍的方法进行加载。

对于自己建的元器件封装库，只要在设计数据库文件（.ddb 文件）中打开即可使用。

2. 装入网络表

在 PCB 文件中执行菜单命令 Design→Load Nets，将根据原理图产生的网络表文件装入到 PCB 文件中。

三、元器件布局

为了布局方便，先将所有元器件封装符号移出印制板边界，移出方法参见"项目二"关于元器件布局的有关内容。

本项目的元器件布局应注意以下几点。

（1）连接器 J3 输入的是电源信号，连接器 J4 输出的是单片机控制信号，两者应尽量

108

远离，最好放置在 PCB 的两侧。

（2）本项目电路的核心元器件是 U1，在布局时应先将 U1 放置到合适的位置，其他元器件围绕 U1 进行放置，这是有核心元器件的布局原则。

（3）晶振 Y1 和晶振电路中的电容 C6、C7 的位置应尽量距离 U1 较近。

按照"项目二中任务四的元器件布局"中介绍的查找并拖动元器件的方法进行布局，布局后的结果如图 3-23 所示。

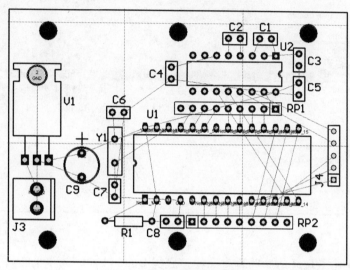

图 3-23 完成布局后的情况

四、手工布线

1. 调整焊盘参数

（1）调整 C1～C8 的焊盘，将焊盘孔径 Hole Size 设置为 31mil。

（2）调整 J4 的焊盘，将焊盘孔径 Hole Size 设置为 35mil，将焊盘直径 X-Size、Y-Size 设置为 70mil。

（3）调整 RP1、RP2 的焊盘，将盘孔径 Hole Size 设置为 31mil，将焊盘直径 X-Size、Y-Size 设置为 62mil。

（4）调整 U1 的焊盘，将盘孔径 Hole Size 设置为 31mil，将焊盘直径 X-Size、Y-Size 设置为 62mil。

（5）调整 U2 的焊盘，将盘孔径 Hole Size 设置为 31mil，将焊盘直径 X-Size、Y-Size 设置为 62mil。

2. 设置布线规则

根据要求本项目的信号线宽是 15mil，GND 网络线宽是 40mil，VCC 网络线宽是 40mil，从 J3 的第 2 引脚到三端稳压器输入第 1 引脚的线宽是 60mil，设置后的规则如图 3-24 所示。

3. 手工布线

本项目要求设计双面板，双面板对布线的要求是顶层 TopLayer 和底层 BottomLayer 都要走线，布线原则是两层的布线走向应互相垂直，即顶层 TopLayer 如果多数是垂直方向走线，则底层 BottomLayer 应多数是水平方向走线，或相反。

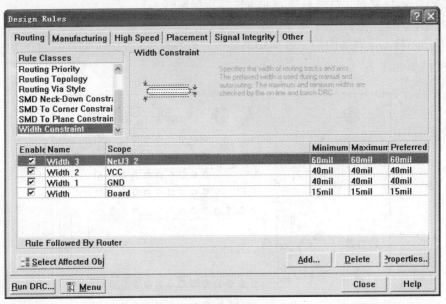

图 3-24 设置线宽

本项目采用顶层 TopLayer 为垂直布线，底层 BottomLayer 为水平布线。

将当前工作层设置为顶层 TopLayer，按照飞线指示进行布线，图 3-25 所示是完成了大部分顶层布线后的情况。

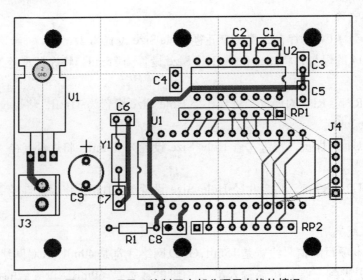

图 3-25 项目三绘制了大部分顶层布线的情况

再将当前工作层设置为底层 BottomLayer，按照飞线指示进行布线，图 3-26 所示是完成了大部分底层布线后的情况。

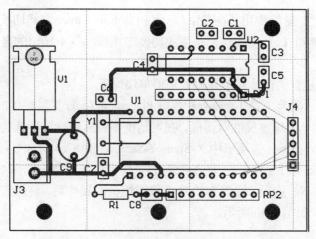

图 3-26 项目三绘制了大部分底层布线的情况

在图 3-25 和图 3-26 中布线的特点是每一个连线都只在同一层绘制，要么在顶层 TopLayer，要么在底层 BottomLayer。但是由于板面问题有时候在同一连接线中水平走线要在底层绘制，而垂直走线要在顶层绘制，底层和顶层之间需要通过过孔连接，如图 3-27 所示。图 3-27 中水平导线在底层绘制，垂直导线在顶层绘制，中间是过孔。图 3-25 和图 3-26 中没有绘制的线就需要这样的连接。

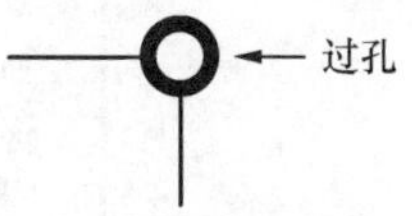

图 3-27 顶层和底层导线通过过孔连接

下面介绍图 3-27 所示的铜膜导线的绘制方法。

在底层 BottomLayer 绘制一条水平线，在水平线终点位置（需要换层的位置）按小键盘的【*】键，此时仍处于画线状态，而当前工作层变为顶层 TopLayer，单击，则在水平线终点位置出现一个过孔，继续画线操作，此时是在顶层 TopLayer 画线，直到完成这一条线的绘制任务。

按照以上介绍的方法，绘制图 3-25 图 3-26 中没有绘制的需要通过过孔连接的线，结果如图 3-28 所示。在图 3-28 通过过孔连接的线中，水平线仍在底层绘制，垂直线仍在顶层绘制。

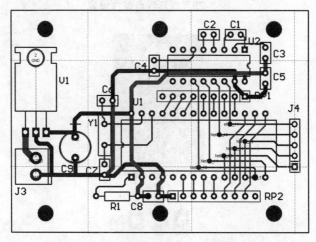

图 3-28 绘制需要通过过孔连接的导线

注：小键盘【*】键的作用是在 Top Layer 和 Bottom Layer 之间切换。

小键盘【+】键和【-】键的作用是依次切换工作层标签中显示的各层。

4. 铺铜

（1）在三端稳压器的散热片位置放置矩形单层焊盘

将当前工作层设置为顶层 TopLayer，单击 PlacementTools 工具栏中的放置焊盘图标 ◉，按【Tab】键，弹出 Pad 焊盘属性对话框，在对话框中设置焊盘的形状为矩形，焊盘的尺寸如图 3-29 所示的 Properties 选项卡中 X-Size、Y-Size、Hole Size，其中焊盘孔径要设置为 0，焊盘所在工作层要选择 TopLayer（即单层焊盘），焊盘接入网络应选择 GND，如图 3-29 中 Advanced 选项卡的 Net 选项，按图 3-29 所示设置焊盘的属性后，将焊盘放置到三端稳压器 V1 的散热片位置，如图 3-30 所示。

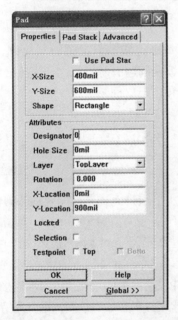
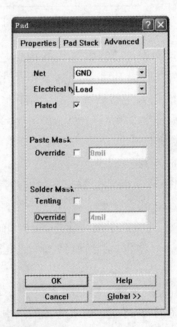

图 3-29　矩形焊盘属性设置

图 3-30　矩形单层焊盘放置到三端稳压器 V1 的散热片位置

（2）进行整板铺铜

① 多边形平面填充介绍。

单击 PlacementTools 工具栏中的多边形平面填充图标，弹出 Polygon Plane 多边形平面填充属性对话框，如图 3-31 所示。

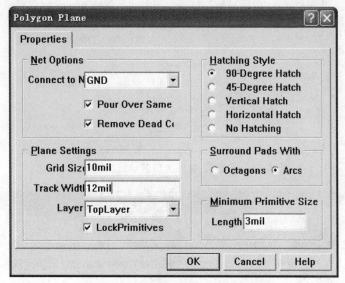

图 3-31　多边形填充属性设置对话框

Connect to Net：选择接入网络名称如 GND。

Pour Over Same Net Polygons Only 复选框：该项有效时，仅覆盖填充区域内具有相同网络的实体，否则铺铜时会将预先画的同一网络的线和过孔躲开。

如图 3-32 所示，左侧图中 PCB 的边界是电气边界（在 keepOutLay 绘制），四周安装孔外围的图形也是在 keepOutLay 工作层绘制的，目的是在整板铺铜时，安装孔周围不铺铜，电路板中电阻下方的四个过孔均与 GND 网络相连，图 3-32 右侧中的图形是已绘制好的多边形填充，用这个图形对左侧电路板进行整板铺铜，图 3-33 所示是多边形填充的属性设置，图 3-34 所示是铺铜后的效果。

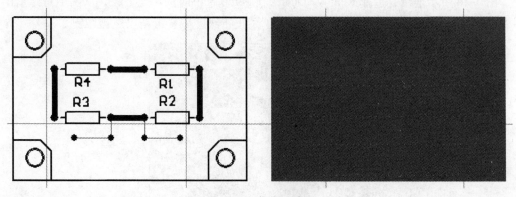

图 3-32　多边形填充

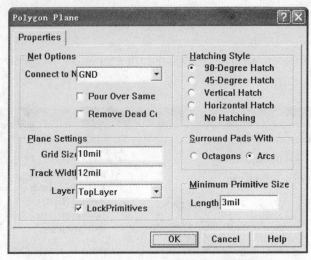

图 3-33 图 3-32 右侧多边形填充的属性设置

图 3-34 没有选中 Pour Over Same Net Polygons Only 的填充效果

从图 3-34 可以看出，虽然过孔已经设置了网络连接是 GND，但是由于在图 3-33 所示的界面中没有选择 Pour Over Same Net Polygons Only 复选框，过孔并没有与多边形填充相连。

图 3-35 所示是选择了 Pour Over Same Net Polygons Only 复选框后的填充效果。

图 3-35 选中 Pour Over Same Net Polygons Only 的填充效果

Remove Dead Copper 复选框：该项有效时，如果遇到死铜的情况，就将其删除。否则，铺铜时会将所有安全间距允许的地方填充，无论这些地方是否应与铺铜所在网络有物理连接。

图 3-36 所示是没有选择 Remove Dead Copper 复选框时的填充效果，从图中可以看出，尽管安装孔四周已经在 keepOutLay 层绘制了禁止布线区域，但是仍然被敷铜。

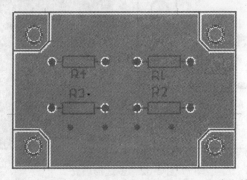

图 3-36 没有选中 Remove Dead Copper 的填充效果

图 3-37 所示是选择 Remove Dead Copper 复选框时的填充效果，安装孔的四周没有敷铜。

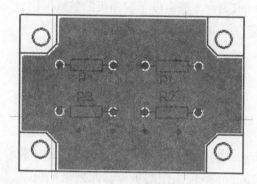

图 3-37 选中 Remove Dead Copper 的填充效果

Grid Size 文本框：填充栅格间距。

Track Width 文本框：填充线宽。

Layer：填充所在工作层。

Hatching Style 区域：设置填充类型。图 3-38 所示为 5 种填充图案。

在图 3-31 中设置的填充间距小于填充线宽，这样设置的效果是填充内部整体敷铜，不是图 3-38 所示的图案。

(a) 90°格子　　(b) 45°格　　(c) 垂直格子　(d) 水平格子　(e) 无格子

图 3-38 多边形填充图案

Surround Pad With 选项区域：设置多边形平面填充环绕焊盘的方式。图 3-39 所示为两种环绕焊盘的方式。

(a) 八边形方式　　　　　　　(b) 圆弧方式

图 3-39 环绕焊盘方式

② 整板敷铜。

将当前工作层设置为顶层 TopLayer，单击 PlacementTools 工具栏中的多边形平面填充图标，按图 3-31 进行设置后，对电路板进行整板敷铜。

将当前工作层设置为底层 BottomLayer，按上述方法再绘制一次多边形填充，注意此时 Layer 工作层应选择 BottomLayer，则完成了双面板的整板铺铜。

根据前面项目介绍的方法检查原理图与 PCB 图的一致性。

任务五　本项目工艺文件

1. 双面板

2. 板厚

板厚为 1.6mm。板材厚度决定电路板的机械强度，同时影响成品板的安装高度，所以加工时要注明板厚，1.6mm 是较通用的板厚，如果未标板厚，一般加工厂会按 1.6mm 处理。

如果板材厚度不选择 1.6mm，就必须标注板材的厚度。考虑到此板的面积不大，板上的元器件不多且没有太重的元器件，1.6mm 就足够了。

3. 板材

板材为 FR-4。板材型号代表板材种类和性能，应该标出。

4. 铜箔厚度

铜箔厚度不小于 35μm。铜箔厚度如果太薄会影响过电流的能力。

5. 孔径和孔位

孔径和孔位均按文件中的定义。主要强调的是各孔的孔径均已编辑准确。

6. 成型

V 槽切割成型，宽度方向拼三个，长度方向拼两个。本例 PCB 的面积较小，单板交货焊接麻烦，故此要求拼板交货，以方便后期插件和焊接。

7. 表面处理

表面处理采用热风整平。热风整平后焊盘处是铅锡，提高了可焊性。

8. 字符颜色（白色）

白色为通用色。

9. 阻焊颜色（绿色）

绿色为通用色。

10. 数量

共计 600 片。

11. 工期

7~10 天。双面板的工艺比单面板复杂，要给制板厂留有足够的时间。

注：工艺文件中的说明部分是对工艺要求的解释，在正式提交给制板厂时无需保留。

项目评价

学习收获	任务一：
	任务二：
	任务三：
	任务四：
	任务五：
能力提升	
存在问题	
教师点评	

项目四　较复杂单片机电路板设计

本任务的目标是利用电子 CAD 软件 Protel 99 SE 完成较复杂单片机双面印制板的设计。该项目的重点一是复合式元器件符号的正确放置，二是两位数码管的封装确定，三是对电路中有接机壳金属要求元器件的处理方法，四是进一步熟悉双面板布线，五是了解在元器件较多、走线较多情况下对走线进行规划。

图 4-1 所示为该项目的电路图，图 4-2~图 4-4 是图 4-1 中图形符号和网络标号的局部放大图，供读者在画图时参考。

本项目的电路图中隐去了所有元器件标注，如果由此给您带来不便，敬请谅解。

本项目所有元器件封装可见"项目四任务二"的内容。

表 4-1　　　　　　　　　　　项目四电路元器件属性列表

LibRef	Designator	Comment	Footprint
自制	B1		待定
自制	BELL		待定
CAP	C1 ~ C5		待定
CAP	C6		待定
ELECTRO1	C7、C8		待定
自制	CT2		待定
ZENER1	D1		待定
自制	DG1		待定
CON3	J1		待定
CON2	J2、J3		待定
CRYSTAL	JZ1		待定
SW SPST	K1、K2、K3、K4		待定
LED	L1、L2、L3		待定
RES2	R1 ~ R13		待定
CON8	RP1		待定
POT2	RW1		待定
自制	T1		待定
VOLTREG	T2		待定
自制	U1		待定
自制	U2		待定
1458	U3		待定

元器件库：

U3 在 Protel DOS Schematic Libraries.ddb 中

其余元器件在 Miscellaneous Devices.ddb 中

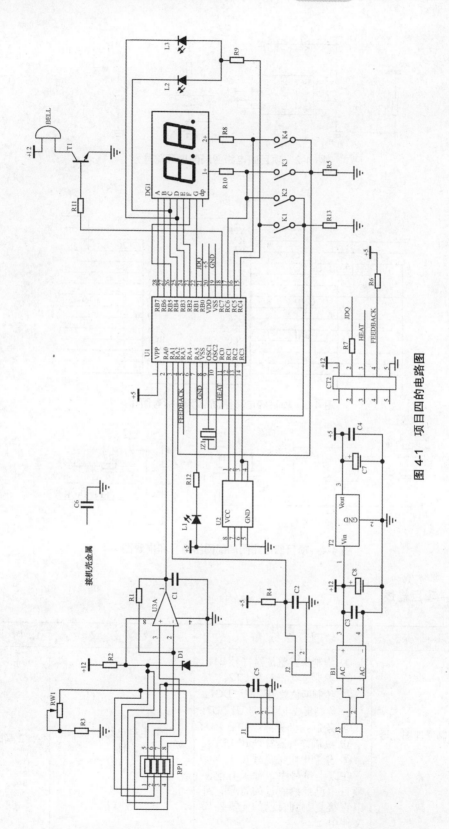

图 4-1 项目四的电路图

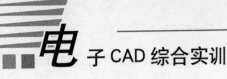

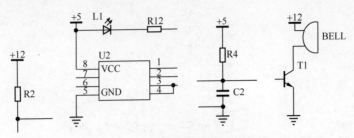

图 4-2　项目四电路图局部电源符号

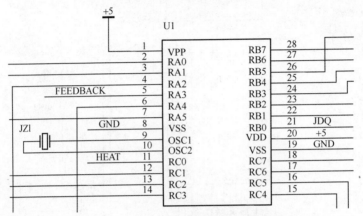

图 4-3　项目四电路图局部网络标号图 1

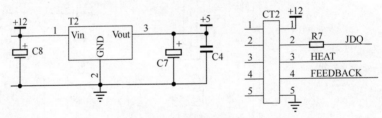

图 4-4　项目四电路图局部网络标号和电源图 2

 项目描述

学 习 目 标	任 务 分 解	教 学 建 议	课 时 计 划
(1) 绘制原理图元器件符号	① 绘制桥式整流器符号 B1； ② 绘制连接器符号 CT2； ③ 绘制两位数码管符号 DG1； ④ 绘制集成电路符号 U1、U2； ⑤ 绘制三极管符号 T1； ⑥ 绘制蜂鸣器符号 BELL； ⑦ 绘制电阻排符号 RP1。 　在以上符号中，如果有前面项目中已经绘制过的符号，可以直接复制到自己的元器件库文件中	以学生自己绘制为主，教师辅导为辅	2 学时

续表

学 习 目 标	任 务 分 解	教 学 建 议	课时计划
（2）绘制本项目中封装符号	确定本项目所有元器件封装 在确定封装过程中，应尽量使用系统提供的封装，前面项目中已经绘制过的封装，也可直接采用，以上两项不能满足的，再自行绘制	在学习了前几个项目基础上，教师可指导学生根据实际元器件自己确定本项目所有元器件封装 教师可重点介绍数码管的内部结构与引脚的确定方法	4学时
（3）绘制原理图与创建网络表	① 复合式元器件符号的概念与放置方法 ② 根据元器件属性列表绘制电路图。注意导线的正确连接和元器件封装属性不能为空 ③ 根据原理图产生网络表	学生自己完成为主，教师辅导为辅	2学时
（4）绘制双面印制板图	① 规划电路板与根据尺寸要求绘制电路板的物理边界和安装孔 ② 绘制电气边界与装入网络表 ③ 手工布局 ④ 调整某些元器件封装中的焊盘参数 ⑤ 根据线宽要求设置布线规则 ⑥ 根据飞线手工进行双面板布线 ⑦ 原理图与PCB图的一致性检查	教师可重点介绍数码管、发光二极管、开关的布局原则，在布线中注意练习双面板有过孔的布线方法，以及在走线较多时的布线规划，以学生完成为主，教师辅导为辅	4学时
（5）编制本项目工艺文件	进一步了解工艺文件的编制	在教师指导下进行	1学时

 项目分析

具体要求如下。

（1）根据要求绘制元器件库中没有提供的或需要修改的元器件的图形符号。

（2）根据实际元器件确定所有元器件封装。

（3）根据元器件属性列表绘制原理图并创建网络表文件。

（4）根据工艺要求绘制双面印制板图。

PCB图的具体要求如下。

① 印制板尺寸：宽为2560mil，高为3720mil，在PCB的4个角分别放置4个安装孔，安装孔中心位置与两侧边的距离均为155mil，安装孔孔径为3.5mm，如图4-33所示。

② 绘制双面板。

③ 信号线宽为20mil。

④ 接地网络线宽为 40mil。

⑤ +5V、+12V 的网络线宽为 40mil。

⑥ 原理图与 PCB 图的一致性检查。

（5）编制工艺文件。

以上要求分别对应 5 个任务，通过后续任务的学习，最后完成该项目的任务目标。

在 Protel 99 SE 设计环境中，执行菜单命令 File→New，创建一个名为 Project4.ddb 的设计数据库文件，将其存放在指定文件夹下。该项目中的所有文件均保存在 Project4.ddb 中。

任务一　绘制原理图元器件符号

在 Project4.ddb 中新建一个原理图元器件库文件并将其打开，将在任务一中绘制的所有元器件符号均保存在该原理图元器件库文件中。

一、绘制 B1

B1 是桥式整流器的图形符号，如图 4-1 所示，这个符号在项目一中已经绘制可以直接使用。

在项目四自己建的元器件库文件中新建一个画面，打开项目一中自己建的元器件库文件，调到桥式整流器符号画面，将其全部选中，执行菜单命令 Edit→Copy 或按【Ctrl】+【C】键，此时光标变成十字形，将十字形光标在元器件图形符号上单击（最好在坐标原点位置单击），再将画面切换到项目四自己建的元器件库文件新建画面中，单击主工具栏中的粘贴图标 ↘，或按【Ctrl】+【V】组合键，执行粘贴操作（仍然要粘贴在坐标原点处）。

以下，凡使用其他项目中绘制的元器件符号，均可按照以上操作将其粘贴到项目四的元器件库中，以后不再赘述。

二、绘制连接器符号 CT2

如图 4-5 所示为连接器 CT2 的图形符号。

矩形轮廓：高为 10 格，宽为 2 格，栅格尺寸为 10mil。

引脚参数如下。

Name	Number	Electrical Type	Length
1	1	Passive	20
2	2	Passive	20
…			
5	5	Passive	20

绘制完毕，重新命名并保存。

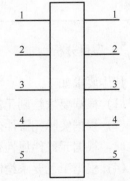

图 4-5　项目四中连接器符号 CT2

三、绘制数码管符号 DG1

1. 数码管的结构

数码管是由 8 个发光二极管组成的显示器件。图 4-6 所示为数码管的内部结构与引脚排列。其中，a～g 七段组成显示字符，dp（图 4-6 左侧引脚中是 h）为小数点，发光二极管的阴极连在一起的称为共阴极结构，发光二极管的阳极连在一起的称为共阳极结构。在数码管的引脚中，第 3 和第 8 引脚是连在一起的，对于共阴极结构应接地，对于共阳极结构应接电源。

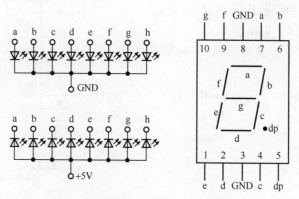

图 4-6 数码管的内部结构与引脚排列

图 4-6 所示为一位数码管的结构，本项目采用的是两位数码管，引脚功能和排列与图 4-6 有所不同。

2. 本项目数码管符号

图 4-7 所示为本项目采用的两位数码管符号。从图中可知，两个数码的段码 a～g 和小数点 dp 是并在一起的，公共端是分开的。"1+"对应第一个数码的公共端，"2+"对应第二个数码的公共端。"1+"和"2+"两个引脚也可以称为位选。

图 4-7 两位数码管符号

矩形轮廓：高为 9 格，宽为 13 格，栅格尺寸为 10mil。

用 SchLibDrawingTools 工具栏中的绘制直线图标∕绘制图 4-7 中的 8 字图形，将线宽设置为 Large 即可，用 SchLibDrawingTools 工具栏中的绘制椭圆图形图标◯绘制小数点，小数点的半径可设置为 3。

引脚参数如下。

Name	Number	Electrical Type	Length
A	A	Passive	10
B	B	Passive	10
C	C	Passive	10
D	D	Passive	10
E	E	Passive	10
F	F	Passive	10
G	G	Passive	10
dp	dp	Passive	10
1+	1+	Passive	10
2+	2+	Passive	10

绘制完毕将引脚名隐藏并保存。

数码管的引脚号最好直接写段码或位选引脚名称，这样在与封装符号相对应时不容易出错。

四、绘制集成电路芯片符号 U1

如图 4-8 所示为 U1 电路符号。

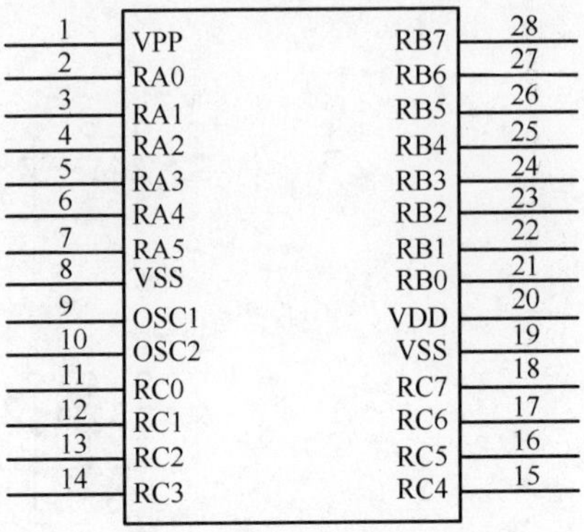

矩形轮廓：高为 9 格，宽为 13 格，栅格尺寸为 10mil。

引脚参数如下。

图 4-8 项目四中的 U1 符号

Name	Number	Electrical Type	Length
VPP	1	Power	30
RA0	2	Passive	30
RA1	3	Passive	30
RA2	4	Passive	30
RA3	5	Passive	30
RA4	6	Passive	30
RA5	7	Passive	30
VSS	8	Power	30
OSC1	9	Passive	30
OSC2	10	Passive	30
RC0	11	Passive	30
RC1	12	Passive	30
RC2	13	Passive	30
RC3	14	Passive	30
RC4	15	Passive	30
RC5	16	Passive	30
RC6	17	Passive	30
RC7	18	Passive	30
VSS	19	Power	30
VDD	20	Power	30
RB0	21	Passive	30
RB1	22	Passive	30
RB2	23	Passive	30
RB3	24	Passive	30
RB4	25	Passive	30
RB5	26	Passive	30
RB6	27	Passive	30
RB7	28	Passive	30

绘制完毕后，重新命名并保存。

五、绘制集成电路芯片符号 U2

图 4-9 所示为 U2 的图形符号。

矩形轮廓：高为 5 格，宽为 7 格，栅格尺寸为 10mil。

引脚参数如下。

Name	Number	Electrical Type	Length
1	1	Passive	30
2	2	Passive	30
3	3	Passive	30
4	4	Passive	30
GND	5	Power	30
6	6	Passive	30
7	7	Passive	30
V_{CC}	8	Power	30

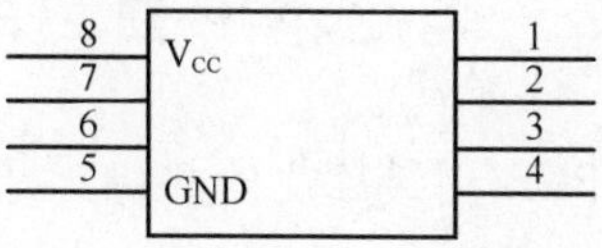

图 4-9　项目四中的 U2 的图形符号

绘制完毕后，重新命名并保存。

六、绘制三极管符号 T1

T1 是 NPN 三极管，本项目采用的三极管引脚分布是基极在中间，该图形符号已在项目二中修改完毕，可以直接使用。

将项目二中修改后的三极管的图形符号复制到本项目自己建的元器件库文件中。

七、绘制蜂鸣器符号 BELL

蜂鸣器电路符号已在元器件库 Miscellaneous Devices.ddb 中提供，为什么还要自己绘制呢？因为蜂鸣器在实际使用时两端对电位的高低有要求，因此在图形符号中最好标出正极位置。蜂鸣器实物图片请参见本项目"任务二"中的有关内容。

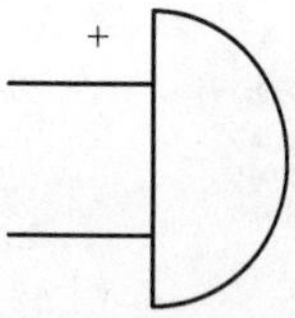

图 4-10　蜂鸣器电路符号

将 Miscellaneous Devices.ddb 中提供的蜂鸣器符号 BELL 复制到自己建的元器件库文件新建画面中，在引脚 1 附近用 SchLibDrawingTools 工具栏中的文字标注图标 T 标注"+"即可，如图 4-10 所示。

修改完毕后，重新命名并保存。

八、绘制电阻排符号 RP1

RP1 是四电阻排，图形符号如图 4-11 所示。该图形符号可以使用 Miscellaneous Devices.ddb 中电阻排符号 RESPACK4 进行修改，将 RESPACK4 复制到自己建的元器件库文件新建画面中，按图 4-11 进行修改即可。

引脚参数如下。

Name	Number	Electrical Type	Length
1	1	Passive	20
2	2	Passive	20

...

8	8	Passive	20

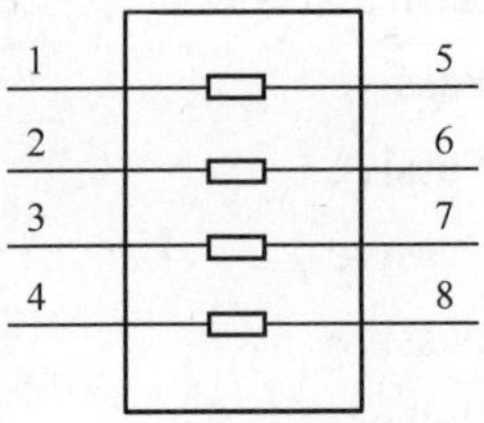

图 4-11　四电阻排电路符号

修改完毕后，重新命名并保存。

任务二　确定本项目封装符号

在 Project4.ddb 中新建一个 PCB 封装库文件并将其打开，将在任务二中绘制的所有元器件封装符号均保存在该封装库文件中。

一、桥式整流器 B1封装

图 4-12 所示为本项目采用的桥式整流器及其对应的封装符号。

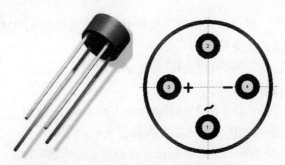

图 4-12　项目四中的桥式整流器及封装符号

封装参数如下。

① 元器件引脚间的距离（图 4-12 中焊盘的对角线距离）为 250mil。

② 引脚孔径 Hole Size 为 39mil，则焊盘直径 X-Size、Y-Size 为 80mil。

③ 元器件轮廓：半径 Radius 为 200mil。

④ 与元器件电路符号引脚之间的对应。

如图 4-1 所示的电路图中，B1 四个引脚的引脚号 Designator：1、2 为交流输入，3 为直流输出+，4 为直流输出-，所以封装符号中的焊盘号分别是 1、2、3、4，引脚的分布情况如图 4-12 所示。

在绘制封装符号时应注意，封装符号可以以轮廓的圆心为坐标原点，封装轮廓应使用 PCBLibPlacementTools 工具栏中的绘制圆图标⊙在 TopOverLay 工作层绘制，焊盘旁的字符应在 TopOverLay 工作层标注。

绘制完毕后，重新命名后保存。

二、蜂鸣器 BELL 封装

图 4-13 所示为蜂鸣器实物，蜂鸣器在使用时要注意极性问题。其中左边图中引脚长的一端为正，右边图中带有 "+" 标记的一端为正。

图 4-13 蜂鸣器

根据测量，蜂鸣器的封装参数如下。

① 元器件引脚间的距离为 300mil。

② 引脚孔径 Hole Size 为 39mil，则焊盘直径 X-Size、Y-Size 为 120mil。

③ 元器件轮廓半径为 275mil。

④ 与元器件电路符号引脚之间的对应。

蜂鸣器图形符号中两个引脚的引脚号分别为 1、2，第 1 引脚为正，因此封装中的焊盘号也应分别为 1、2，在 1#焊盘附近进行正极性标注，1#焊盘最好放置在坐标原点处，绘制完成的蜂鸣器封装符号如图 4-14 所示。

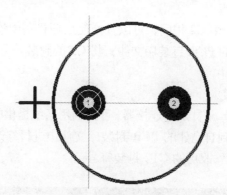

图 4-14 蜂鸣器封装符号

绘制完毕后，重新命名并保存。

三、无极性电容 C1～C5封装

无极性电容封装在项目二中已经讨论过，可以直接采用系统在 Advpcb.ddb 中提供的 RAD0.1。

四、电容 C6封装

电容 C6 在电路中起滤波作用，一端接地，一端接机壳。C6 的容量虽不大，但耐压要

求较高，为 630V，如图 4-15 所示为 C6 图片。

根据测量，C6 的封装参数如下。

① 元器件引脚间的距离为 400mil。

② 引脚孔径 Hole Size 为 28mil，则焊盘直径 X-Size、
Y-Size 为 62mil。

③ 元器件轮廓为矩形。

④ 与元器件电路符号引脚之间的对应。

图 4-15　项目四中采用的电容 C6

因为电路中 C6 的符号采用的是无极性电容符号 CAP，
引脚号分别为 1、2，因此封装中的焊盘号也应分别为 1、2，如图 4-16 所示。

图 4-16　项目四中电容 C6 封装符号

五、电解电容 C7 封装

电解电容 C7 的封装参数与项目二中 C4、C5 的封装相同，可以直接使用项目二中绘制的封装符号。

打开项目二中自己建的 PCB 封装库文件，将 C4、C5 的封装符号复制到项目四中自己建的 PCB 封装库文件新建画面中。

六、电解电容 C8 封装

电解电容 C8 与项目一中 C2 相同，可以直接使用项目一中绘制的 C2 封装符号。

打开项目一中自己建的 PCB 封装库文件，将 C2 的封装符号复制到项目四中自己建的 PCB 封装库文件新建画面中。

七、连接器 CT2 封装

连接器 CT2 是 2.54mm 十针双排连接器，可以利用系统提供的 Advpcb.ddb 中十针连接器符号 IDC10，将其复制到自己建的 PCB 封装库文件中进行修改。图 4-17 所示为 IDC10 封装符号，图 4-18 所示为修改后的 CT2 封装符号。

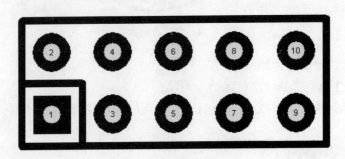

图 4-17　IDC10 封装符号

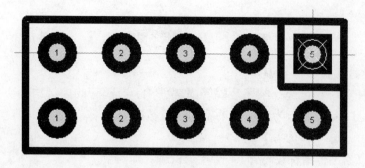

图 4-18 修改后的 CT2 封装符号

修改后的 CT2 封装符号参数如下。

① 元器件引脚间的距离为 2.54mm（保持 IDC10 封装符号中的焊盘间距不变）。

② 引脚孔径 Hole Size 为 28mil，则焊盘直径 X-Size、Y-Size 为 62mil。

③ 元器件轮廓为矩形（无需修改）。

④ 与元器件电路符号引脚之间的对应。

因为 CT2 的电路符号中引脚 1、2、3、4、5 分别都有两个，因此焊盘号为 1、2…5 也应分别是两个，如图 4-18 所示。

八、稳压二极管 D1封装

图 4-19 所示为稳压二极管的实物图，稳压二极管与普通二极管的外形差不多，安装时也是卧式安装。

根据测量，稳压二极管的封装参数如下。

① 元器件引脚间的距离为 400mil。

② 引脚孔径 Hole Size 为 28mil，则焊盘直径 X-Size、Y-Size 为 62mil。

图 4-19 稳压二极管

这两个参数与 Advpcb.ddb 中二极管封装符号 DIODE0.4 的参数相同，可以将系统提供的 Advpcb.ddb 中二极管封装符号 DIODE0.4 复制到自己建的 PCB 封装库文件中进行修改。图 4-20 所示为 DIODE0.4 封装符号。

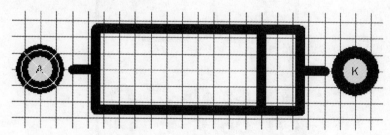

图 4-20 DIODE0.4 封装符号

对 DIODE0.4 封装符号的修改关键是焊盘号。图 4-21 所示为稳压二极管的图形符号，引脚中的 1、2 是引脚号，而图 4-20 中 DIODE0.4 封装符号的焊盘号分别是 A 和 K。因此需将 DIODE0.4 封装符号中的焊盘号分别修改为 1 和 2，A 改为 1，K 改为 2，修改完毕后，重新命名并保存。

图 4-21　稳压二极管的图形符号

九、两位数码管 DG1封装

在本项目任务一中已经介绍了数码管内部结构，数码管的内部结构决定了引脚数目和排列顺序，图 4-22 所示为本项目采用的两位数码管的实物图。

从图中可以看出，这种数码管共有 10 个引脚。即两个数码中的 a ~ g 各段和小数点是分别并在一起的，两个数码的公共端单独引出作为位选端。

两位数码管的封装参数如下。

① 元器件引脚间的距离。两排焊盘之间的距离为 500mil，每排两个焊盘之间的距离为 100mil。

图 4-22　两位数码管实物

② 引脚孔径 Hole Size 为 35mil，则焊盘直径 X-Size、Y-Size 为 70mil。

③ 元器件轮廓为矩形。数码管的轮廓应实际测量后确定，封装符号中轮廓的大小应比实际轮廓在印制板上的投影稍大一些，本文中的数码管轮廓只是一个示意图。

④ 与元器件电路符号引脚之间的对应：数码管的引脚排列如图 4-23 所示。因为在项目四"任务一"中引脚号直接写的 a、b…等，焊盘号也应与引脚号一致。图 4-24 中焊盘外侧的字符就是每个焊盘的焊盘号。

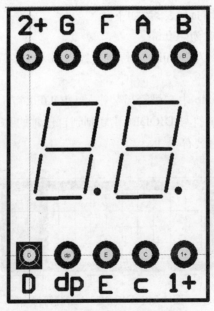

图 4-23　两位数码管封装符号

需要指出的是，同样是两位数码管，由于内部结构不同，引脚数量也可能不同，引脚排列也可能不同。而且数码管的规格不同尺寸也不同，对应的封装符号参数就不同，对此使用时一定要注意。

数码管引脚排列顺序可以从产品说明书中找到，如果没有产品说明书，可以用一个电阻和直流电源串联，分别进行测量也可确定。

十、三针连接器 J1封装

J1 是 2.54mm 三针连接器，可以直接使用 Advpcb.ddb 封装库中提供的 SIP3。

十一、二针连接器 J2封装

J2 是 2.54mm 两针连接器，可以直接使用 Advpcb.ddb 封装库中提供的 SIP2，只是需修改焊盘参数。修改后的焊盘参数如下。

焊盘孔径 Hole Size 为 35mil，则焊盘直径 X-Size 为 70mil，Y-Size 为 90mil。

十二、二针连接器 J3封装

J3 是 3.96mm 二针连接器，这一封装符号已在项目一中绘制，可以直接使用。

将项目一中绘制的 3.96mm 二针连接器封装符号复制到项目四 PCB 封装库的新建画面中。

十三、开关 K1～K4封装

关于开关封装已在项目二中进行讨论，本项目采用的开关与项目二类似，只是尺寸稍有不同，需重新绘制其封装，因此本节直接给出开关的封装图形，不再对开关的图形符号中的引脚数和封装中的焊盘数进行解释（开关的图形符号中是两个引脚，而实际的开关有四个引脚）。

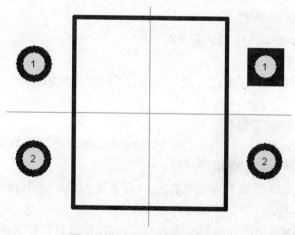

图 4-24　项目四开关封装符号

开关的封装参数如下。

① 元器件引脚间的距离。

两个 1#焊盘之间的距离为 500mil，1#焊盘和同列 2#焊盘之间的距离为 200mil。

② 引脚孔径 Hole Size 为 47mil，则焊盘直径 X-Size、Y-Size 为 80mil。

③ 元器件轮廓为矩形。

④ 与元器件电路符号引脚之间的对应：焊盘号如图 4-24 所示。

十四、发光二极管 L1～L3封装

本项目采用的发光二极管与项目二采用的完全相同，可直接使用在项目二中绘制的发

光二极管封装符号。

将项目二中绘制的发光二极管封装符号复制到项目四 PCB 封装库的新建画面中。

十五、电阻 R1 ~ R13 封装

直接使用 Advpcb.ddb 封装库中提供的 AXIAL0.4。

十六、电阻排 RP1 封装

本项目采用的是四个电阻的电阻排，如图 4-25 所示是电阻排的实物图，本项目采用的电阻排封装与之类似，只是少了一个引脚。

这一封装可以直接采用 Advpcb.ddb 封装库中提供的 SIP8，将焊盘尺寸稍加修改即可。

图 4-25　电阻排

修改后的焊盘尺寸：引脚孔径 Hole Size 为 31mil，则焊盘直径 X-Size、Y-Size 为 65mil。

如图 4-26 所示为修改后的 SIP8 封装符号。

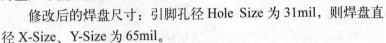

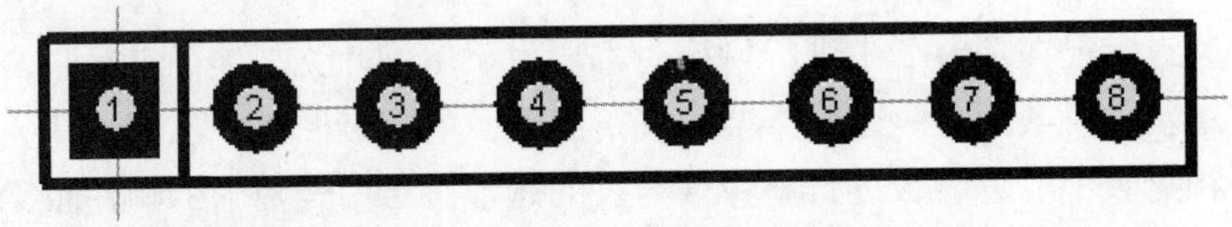

图 4-26　修改后的 SIP8 封装符号

十七、电位器 RW1 封装

可直接采用 Adxpcb.ddb 中提供的 VR5。

十八、三极管 T1 封装

三极管封装符号在项目二中已详细分析过，可以直接使用在项目二中采用的 TO-92A 封装符号。

十九、三端稳压器 T2 封装

本项目使用的三端稳压器可以直接采用 Advpcb.ddb 中提供的 TO-126 封装符号。

二十、集成电路芯片 U1 封装

U1 是双列直插式 28 引脚集成电路芯片。可以使用 Advpcb.ddb 封装库中提供的 DIP28，只是需要修改焊盘参数。

修改后的焊盘参数：引脚孔径 Hole Size 为 31mil，则焊盘直径 X-Size、Y-Size 为 67mil。

二十一、集成电路芯片 U2 封装

U2 是双列直插式八引脚集成电路芯片。可以使用 Advpcb.ddb 封装库中提供的 DIP8，只是需要修改焊盘参数。

修改后的焊盘参数：引脚孔径 Hole Size 为 31mil，则焊盘直径 X-Size、Y-Size 为 67mil。

二十二、运算放大器 U3 封装

运算放大器 U3 的封装也是双列直插式，共有 8 个引脚。可以使用 Advpcb.ddb 封装库中提供的 DIP8，只是需要修改焊盘参数。

修改后的焊盘参数：引脚孔径 Hole Size 为 31mil，则焊盘直径 X-Size、Y-Size 为 67mil。

二十三、晶振 JZ1封装

本项目采用的是三引脚陶瓷晶振，如图 4-27 所示，其中中间引脚在使用时需接地。

图 4-27　项目四使用的陶瓷晶振

晶振的封装参数如下。

① 元器件引脚间的距离为 100mil。

② 引脚孔径 Hole Size 为 28mil，则焊盘直径 X-Size、Y-Size 为 62mil。

③ 元器件轮廓为矩形。

④ 与元器件电路符号引脚之间的对应。

因为晶振的图形符号中只有两个引脚，因此封装符号中只有两个焊盘可以和图形符号中的引脚相对应，在图 4-27 中，两侧是晶振引脚，所以应将两侧引脚与图形符号中的引脚相对应。已知图形符号中引脚号分别为 1 和 2，因此两侧焊盘的焊盘号应分别为 1 和 2，中间焊盘的焊盘号为 3。

以上封装参数与电容封装符号 RAD0.2 相似，可以将 RAD0.2 复制到自己建的 PCB封装库文件的新建画面中进行修改，在两个焊盘之间再增加一个焊盘即可，增加的这个焊盘号应为 3，修改完毕重新命名并保存。如图 4-28 所示为绘制好的晶振 JZ1 封装符号。

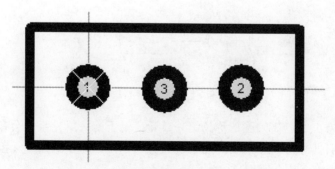

图 4-28　项目四使用的晶振 JZ1 封装符号

至此，本项目中所有元器件封装均已确定。

任务三　绘制原理图与创建网络表

根据表 4-1 元器件属性列表绘制图 4-1 所示的电路图。

在绘制图 4-1 所示的电路图时需注意三个问题，一是图中有大量的网络标号，应使用

WringTools 工具栏中【Net 1】图标进行设置。在项目五的任务三中已做了详细介绍，请参考阅读；二是电路中有复合式元器件符号 U3，U3 的正确放置方法将在下面进行介绍；三是在放置 U3 之前，注意先加载 U3 所在的元器件库 Protel DOS Schematic Libraries.ddb。

一、复合式元器件符号的概念

对于集成电路，在一个芯片上往往有多个相同的单元电路。如或非门电路 4001，有 14 个引脚，在一个芯片上包含四个或非门，引脚 7 是接地端，引脚 14 是电源端，为芯片上的所有单元供电，如图 4-29 所示。在 Protel 软件中，这四个或非门元器件名称一样，只是引脚号不同，如图 4-30 所示的 U1A、U1B 等，这样的元器件称为复合式元器件。

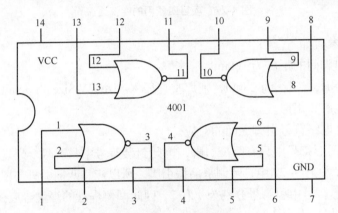

图 4-29　4001 引脚排列图

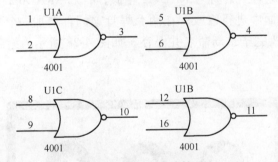

图 4-30　4001 电路符号

其中引脚号为 1、2、3 的图形称为第一单元，对于第一单元系统会在元器件标号的后面自动加上 A，引脚号为 4、5、6 的图形称为第二单元，对于第二单元系统会在元器件标号的后面自动加上 B，其余同理。

二、放置复合式元器件符号

在放置复合式元器件符号时，默认的是放置第一单元，下面以放置 4001 符号为例，介绍放置其他单元的方法。

连续放置一个复合式元器件符号的所有单元。

① 4001 元器件符号在 Protel DOS Schematic Libraries.ddb 中，所以在原理图中先加载 Protel DOS Schematic Libraries.ddb。

② 按两下 P 键，在弹出的 Place Part 对话框中按图 4-31 所示的界面输入各属性值，单

击【OK】按钮，在适当位置单击，即可放置一个符号，此时仍弹出如图 4-31 所示的对话框，单击【OK】按钮后继续单击则放置 4001 的第 2 单元符号，如此操作可放置 4001 的所有单元。在放置过程中，右击即可退出放置状态。

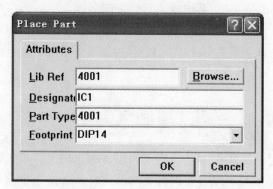

图 4-31　在 Place Part 对话框中输入 4001 属性值

以上介绍的是连续放置复合式元器件符号的方法，下面介绍放置任意单元符号的方法。放置复合式元器件符号的任意单元。

在放置元器件符号过程中，当元器件符号处于浮动状态时，按【Tab】键，调出元器件属性对话框如图 4-32 所示。在属性对话框的第二个 Part 中输入 2，则放置的是第 2 单元，输入 3 则放置第三单元，依次类推。

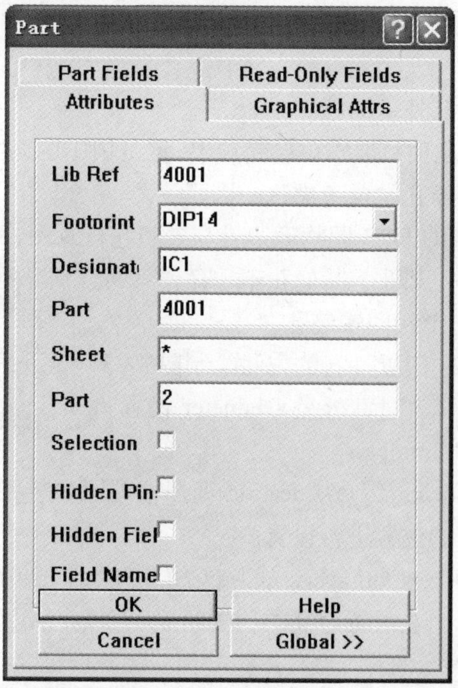

图 4-32　放置复合式元器件符号任意单元时的属性设置

这种方法可以任意选择放置单元。

在放置复合式元器件符号时如果使用一个芯片中的不同单元，则这个芯片中所有单元的元器件标号一定要一致，如图 4-30 所示中的 U1。因为使用了四个单元，所以四个单元的元器件标号均为 U1 开头，包括 U1A、U1B、U1C、U1D，系统将这四个符号视为一个元器件。而对于 U2 开头的 4001，系统视为另一个元器件。这一点在放置复合式元器件符号时要特别注意。

利用以上介绍的方法放置图 4-1 中的 U3，按图 4-1 绘制原理电路图后，依据该电路产生网络表文件。

任务四　绘制双面印制板图

在前面的项目中已经比较详细地介绍了利用自动布局手工布线绘制双面印制板图的基本方法，在本节中只介绍与本项目要求有关的操作，其余操作步骤不再赘述。

一、规划电路板

双面印制板图需要的工作层有顶层 Top Layer、底层 Bottom Layer、机械层 Mechanical Layer、顶层丝印层 Top Overlay、多层 Multi Layer、禁止布线层 Keep Out Layer。

其中顶层 Top Layer 不仅放置元器件，还要进行布线。

机械层 Mechanical Layer 的设置方法参见项目一的"任务六绘制印制板图"中的"二、规划电路板"。

1. 绘制物理边界

在机械层 Mechanical4 Layer 按印制板尺寸要求绘制电路板的物理边界。

2. 绘制安装孔

安装孔包括过孔和过孔外围的圆。

安装孔的位置和孔径在项目要求中已经给出，但是由于电路中要求电容 C6 的一端要接机壳金属，因此在绘制安装孔时要考虑这一因素。

图 4-33 所示为项目四的 PCB 图物理边界与安装孔位置图，从图中可以看出，右上角的安装孔与其他孔不一样，下面分别介绍。

（1）绘制图 4-33 中三个相同安装孔

利用前面项目中介绍的放置过孔的方法绘制图 4-33 中左上角、左下角、右下角三个安装孔，过孔外径 Diameter 设置为 3mm，过孔孔径 Hole Size 设置为 3.5mm。

过孔的圆心坐标 X-Location、Y-Location 要严格按照安装孔的位置要求，以及当前原点的位置进行设置。

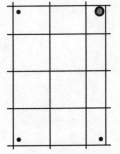

图 4-33　项目四 PCB 图物理边界与安装孔

将当前工作层设置为 KeepOutLayer，单击 PCBLibPlacementTools 工具栏中的绘制圆图标，在放置过孔的位置绘制一个与过孔孔径相等的同心圆。

（2）绘制安装孔

绘制图 4-33 所示右上角的安装孔，这个安装孔是利用放置焊盘的方法实现的。因为本项目的电路中要求电容 C6 的一端接机壳金属，而在安装 PCB 时，可以通过焊盘的铜箔与金属机壳相连，所以将这一安装孔设计为焊盘。

单击 PCBLibPlacementTools 工具栏中的放置焊盘图标 ⊛，放置一个焊盘，焊盘的尺寸参数是孔径 Hole Size 为 3.5mm，焊盘直径 X-Size、Y-Size 为 7mm，焊盘的圆心坐标 X-Location、Y-Location 要严格按照安装孔的位置要求，以及当前原点的位置进行设置。

在设计 PCB 图时，将 C6 的一端直接与该焊盘相连即可。

3. 绘制电气边界

将当前工作层设置为 KeepOutLayer，在物理边界的内侧绘制电气边界。

二、装入网络表

1. 加载元器件封装库

本项目所需的元器件封装库一个是系统提供的元器件封装库 Advpcb.ddb，一个是自己建的元器件封装库（本项目使用的其他项目绘制的封装符号应复制到本项目中的 PCB 封装库中）。

对于系统提供的元器件封装库 Advpcb.ddb，如果没有加载，参见"项目一"中"任务六绘制印制板图"中"三、加载元器件封装库"中介绍的方法进行加载。

对于自己建的元器件封装库，只要在设计数据库文件（.ddb 文件）中打开即可使用。

2. 装入网络表

在 PCB 文件中执行菜单命令 Design→Load Nets，将根据原理图产生的网络表文件装入到 PCB 文件中。

三、元器件布局

为了布局方便，先将所有元器件移出 PCB 的边界，移出方法参见"项目二"中关于元器件布局的有关内容。

本项目的元器件布局应注意以下几点。

（1）数码管的位置。

数码管是显示器件，一般用户会指定其放置位置。如果用户未指定位置，应将数码管放到 PCB 的明显位置。本项目中，按照图 4-35 所示的位置放置即可。

（2）发光二极管的位置。

发光二极管也是显示器件，一般用户会指定其放置位置，如果用户未指定位置，最好将发光二极管放置在所指示的电路附近。本项目中，按照图 4-35 所示的位置放置即可。

（3）开关的位置。

开关是在使用时需要操作的元件，一般用户会指定其放置位置，如果用户未指定位置，最好将开关放置在所控制的电路附近，放置位置应便于操作。本项目中，按照图 4-35 所示的位置放置即可。

（4）本项目的核心器件是 U1。

U1 外围电路涉及的元器件应尽量放置在 U1 附近，特别是晶振，应尽量靠近 U1。

（5）电源电路。

本项目的电路中有一个包括整流、稳压、滤波在内的稳压电路，输入是交流，输出是直流，为整机供电，这一部分电路最好放置在印制板一角，尽量减小电源对其他电路的影响。

（6）输入、输出端子要置于板边。

（7）电容 C6 应尽量放置在以焊盘表示的安装孔附近。

（8）将晶振 JZ1 的中间焊盘与 GND 网络相连。

连接的方法是双击晶振 JZ1 封装符号的中间焊盘，在弹出的 Pad 属性对话框中选择 Advanced 选项卡，单击 Net 旁的下拉按钮，从中选择 GND，如图 4-34 所示，单击【OK】按钮关闭对话框后，发现有一条飞线与 GND 网络相连。

图 4-35 所示为完成布局后的情况。

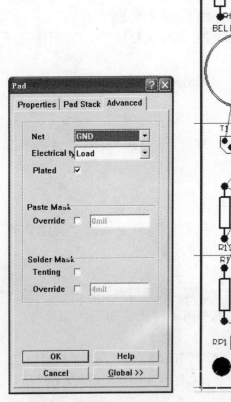

图 4-34　将晶振 JZ1 中间
焊盘连入 GND 网络

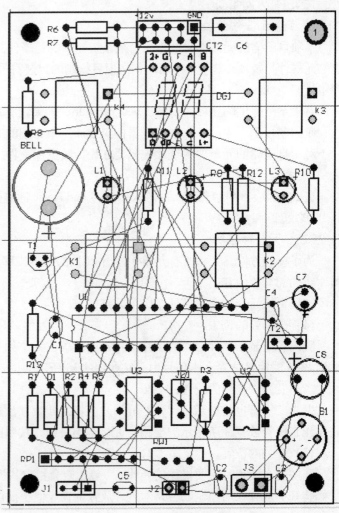

图 4-35　完成布局后的情况

将当前工作层设置为 TopOverLay，单击 PlacementTools 工具栏中的放置文字标注图标 T，对 CT2 有关焊盘（+12V 和 GND）进行标注。

四、手工布线

1．调整焊盘参数

调整 J2 的所有焊盘，将焊盘孔径 Hole Size 设置为 35mil，焊盘直径 X-Size 设置为 70mil、

Y-Size 设置为 90mil。

调整 RP1 的所有焊盘，将焊盘孔径 Hole Size 设置为 31mil，焊盘直径 X-Size、Y-Size 设置为 65mil。

调整 U1 的所有焊盘，将焊盘孔径 Hole Size 设置为 31mil，焊盘直径 X-Size、Y-Size 设置为 62mil。

调整 U2 的所有焊盘，将焊盘孔径 Hole Size 设置为 31mil，焊盘直径 X-Size、Y-Size 设置为 67mil。

调整 U3 的所有焊盘，将焊盘孔径 Hole Size 设置为 31mil，焊盘直径 X-Size、Y-Size 设置为 67mil。

如果以上封装符号是按照要求重新绘制的，这一步骤可忽略。

2. 设置布线规则

根据要求，本项目的信号线宽为 20mil；接地网络线宽为 40mil；+5V 和+12V 网络线宽为 40mil。

设置后的规则如图 4-36 所示。

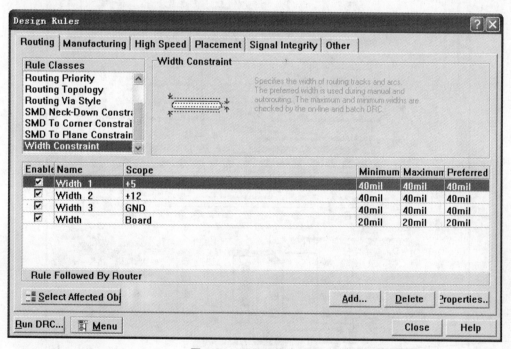

图 4-36 项目四线宽设置

3. 手工布线

本项目要求设计双面板，双面板对布线的要求是顶层 TopLayer 和底层 BottomLayer 都要走线，布线原则是两层的布线走向应互相垂直，即顶层 TopLayer 如果多数是垂直方向走线，则底层 BottomLayer 应多数是水平方向走线，或反之。

本项目采用顶层 TopLayer 为水平布线，底层 BottomLayer 为垂直布线。

本项目元器件较多，走线也较复杂，在绘制同一铜膜导线连接时，经常需要通过过孔在顶层和底层之间直接走线，在布线时应注意走线的规划，尽量使其分布均匀、美观。

电容 C6 到焊盘的铜膜导线的线宽可设置为 60mil。

图 4-37 和图 4-38 所示分别为顶层布线和底层布线。

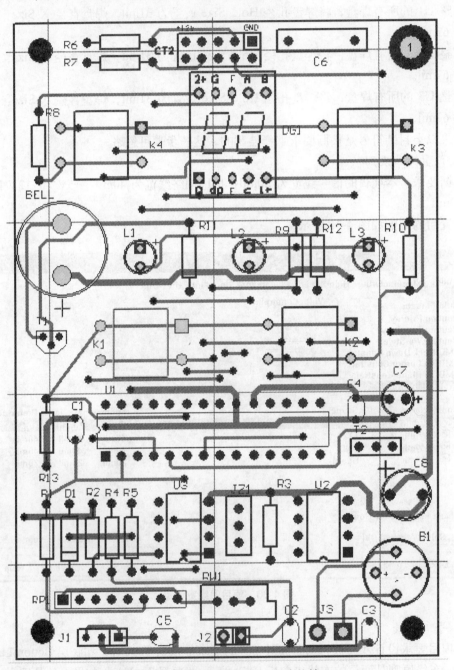

图 4-37　项目四顶层 TopLayer 布线情况

绘制完毕，根据前面项目介绍的方法检查原理图与 PCB 图的一致性。

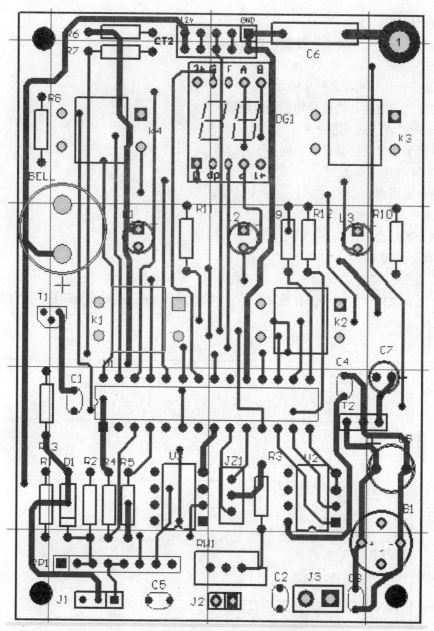

图 4-38　项目四底层 BottomLayer 布线情况

任务五　本项目工艺文件

1. 双面板

2. 板厚

板材厚度决定电路板的机械强度，同时影响成品板的安装高度，所以加工时要注明板厚，1.6mm 是较通用的板厚，如果未标板厚，一般加工厂会按 1.6mm 处理。

3. 板材（FR-4）

板材型号代表板材种类和性能，应该标出。

4. 铜箔厚度（不小于35μm）

5. 孔径和孔位均按文件中的定义。

主要强调的是各孔的孔径均已编辑准确。

6. 表面处理（热风整平）

热风整平后焊盘处是铅锡，提高了可焊性。

7. 字符颜色（白色）

白色为通用色。

8. 阻焊颜色（绿色）

绿色为通用色。

9. 数量（1000）

10. 工期（7天）

注：工艺文件中的说明部分是对工艺要求的解释，在正式提交给制板厂时无需保留。

 项目评价

学习收获	任务一：
	任务二：
	任务三：
	任务四：
	任务五：
能力提升	
存在问题	
教师点评	

项目五 多数为表贴式元器件的印制板设计

本项目的目标是利用电子 CAD 软件 Protel 99 SE 完成多数为表贴式元器件的 PCB 图的设计。该项目的重点一是具有总线结构原理图的绘制，二是表贴式元器件封装符号的绘制，三是多数为表贴式元器件的印制板图设计方法，四是 Mark 点的概念与正确绘制，五是电路板四周敷铜的方法。

图 5-1 所示为该项目的电路图，图 5-2 ~ 图 5-5 所示为图 5-1 中的电源符号和网络标号局部放大图，供读者在画图时参考。本项目电路元器件属性如表 5-1 所示。

本项目电路图中隐去了所有元器件标注，如果由此给您带来不便，敬请谅解。

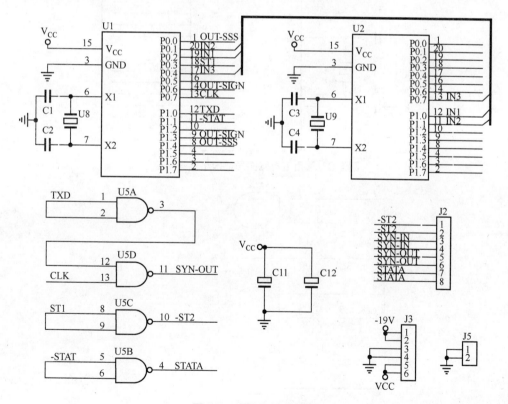

图 5-1 项目五的电路图

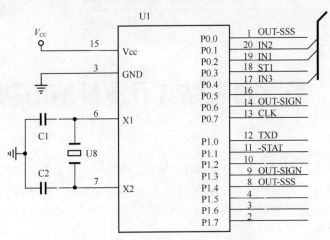

图 5-2　项目五电路图局部网络标号图 1

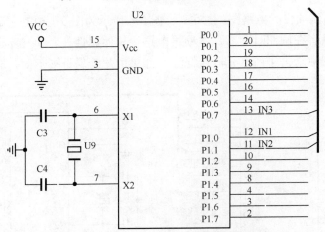

图 5-3　项目五电路图局部网络标号图 2

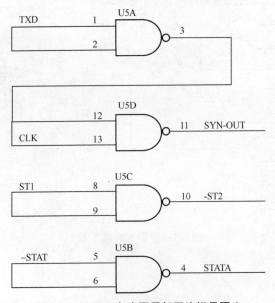

图 5-4　项目五电路图局部网络标号图 3

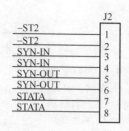

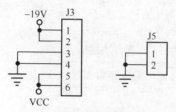

图 5-5 项目五电路图局部网络标号和电源图 4

表 5-1 项目五电路元器件属性列表

LibRef	Designator	Comment	Footprint
Cap	C1 ~ C4		0805
ELECTRO1	C11、C12		1216
CON8	J2		SIP8
CON6	J3		SIP6
CON2	J5		SIP2
自制	U1、U2		SOL-20
4011	U5		SO-14
CRYSTAL	U8、U9		自制

元器件库：

U5 在 Protel DOS Schematic Libraries.ddb 中

其余元器件在 Miscellaneous Devices.ddb 中

元器件封装库： Advpcb.ddb

 项目描述

学 习 目 标	任 务 分 解	教 学 建 议	课时计划
（1）绘制原理图元器件的图形符号	绘制集成电路符号 U1、U2	以学生自己绘制为主，教师辅导为辅	1 学时
（2）绘制本项目中封装符号	绘制贴片晶振封装符号	教师重点指导学生绘制贴片元器件封装符号	2 学时

续表

学 习 目 标	任 务 分 解	教 学 建 议	课 时 计 划
（3）绘制原理图与创建网络表	① 总线结构的概念与正确绘制； ② 根据元器件属性列表绘制电路图。注意导线的正确连接和元器件封装属性不能为空； ③ 在绘图中应注意网络标号的正确使用和复合式元器件符号的放置； ④ 根据原理图产生网络表	教师重点介绍总线结构的概念与绘制方法。 学生自己完成为主，教师辅导为辅	2学时
（4）绘制双面印制板图	① 规划电路板与根据尺寸要求绘制电路板的物理边界和安装孔； ② 绘制电气边界与装入网络表； ③ 手工布局； ④ 调整某些元器件封装中的焊盘参数； ⑤ 根据线宽要求设置布线规则； ⑥ 根据飞线手工布线； ⑦ Mark 点的概念与正确绘制； ⑧ 电路板四周铺铜； ⑨ 原理图与 PCB 图的一致性检查	教师可重点介绍大多数为贴片元件电路板的布线特点与方法，特别应说明关于 Mark 点的概念与制作，以学生完成为主，教师辅导为辅	4学时
（5）编制本项目工艺文件	进一步了解工艺文件的编制	在教师指导下进行。	1学时

 项目分析

具体要求如下。

（1）根据要求绘制元器件库中没有提供的或需要修改的元器件的图形符号。

（2）根据实际元件确定所有元器件封装。

（3）根据元器件属性列表绘制原理图并创建网络表文件。

（4）根据工艺要求绘制双面印制板图。

印制板图的具体要求。

① 印制板尺寸：宽为 2480mil，高为 1810mil，在 PCB 的左下角和右上角分别放置两个安装孔，安装孔中心位置与两侧边的距离均为 120mil，安装孔孔径为 3.5mm。

② 绘制双面板。

③ 信号线宽为 15mil。

④ 接地网络线宽为 45mil。

⑤ Vcc 和–19V 电源网络线宽为 35mil。

⑥ 原理图与 PCB 图的一致性检查。

（5）编制工艺文件。

以上要求分别对应 5 个任务，通过后续任务的学习，最后完成该项目的任务目标。

在 Protel 99 SE 设计环境中，执行菜单命令 File→New，创建一个名为 Project5.ddb 的设计数据库文件，将其存放在指定文件夹下。该项目中的所有文件均保存在 Project5.ddb 中。

任务一 绘制原理图元器件符号

在 Project5.ddb 中新建一个原理图元器件库文件并将其打开，将在任务一中绘制的元器件符号保存在该原理图元器件库文件中。

本项目只有一个元器件符号 U1 需要绘制，U1 如图 5-6 所示。

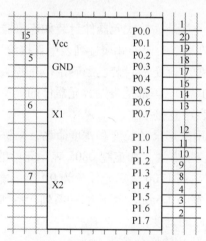

图 5-6 项目五中电路符号 U1

矩形轮廓：高为 18 格，宽为 10 格，栅格尺寸为 10mil。

引脚参数如下。

Name	Number	Electrical Type	Length
P0.0	1	Passive	30
P0.1	20	Passive	30
P0.2	19	Passive	30
P0.3	18	Passive	30
P0.4	17	Passive	30
P0.5	16	Passive	30
P0.6	14	Passive	30
P0.7	13	Passive	30
P1.0	12	Passive	30
P1.1	11	Passive	30

P1.2	10	Passive	30
P1.3	9	Passive	30
P1.4	8	Passive	30
P1.5	4	Passive	30
P1.6	3	Passive	30
P1.7	2	Passive	30
X1	6	Passive	30
X2	7	Passive	30
Vcc	15	Power	30
GND	5	Power	30

任务二　确定本项目封装符号

本项目封装分为两类。一类是插接式元器件封装如连接器，这些连接器封装大多在前面各项目中已经介绍，所以在表 5-1 元器件属性列表中直接给出。另一类是表贴式元器件，这些元器件在阻值、容量或型号确定后封装已经确定，在购买元器件时厂家会同时提供封装，如电阻的 0805、电容的 1206 等都是表贴式元器件的典型封装。因此表贴式元器件封装也在表 5-1 元器件属性列表中直接给出。

表贴式元器件的封装常用外形尺寸长度和宽度命名，来标志其外形大小，通常有公制（mm）和英制（inch）两种表示方法。如英制 0805 表示元件的长为 0.08in、宽为 0.05in，其公制表示为 2012。如英制系列 1206 表示元件长为 0.12in、宽为 0.06in，对应的公制系列为 3216，表示长为 3.2mm、宽为 1.6mm。无论哪种系列，系列型号的前两位数字表示元件的长度，后两位数字表示元件的宽度。

公制（mm）与英制（inch）转换公式为

$$25.4\,\text{mm} \times 英制（\text{inch}）尺寸 = 公制（\text{mm}）尺寸$$

图 5-7 所示为表贴式电阻，简称贴片电阻；如图 5-8 所示为表贴式电容，简称贴片电容。

图 5-7　贴片电阻

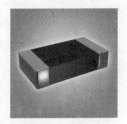

图 5-8　贴片电容

本项目只有晶振 U8、U9 的封装符号需要绘制，下面介绍绘制方法。

在 Project5.ddb 中新建一个 PCB 封装库文件并将其打开，将在任务二中绘制的元器件封装符号保存在该封装库文件中。

如图 5-9 所示为表贴式晶振，简称贴片晶振；如图 5-10 所示为表贴式晶振的封装符号。

图 5-9 贴片式晶振

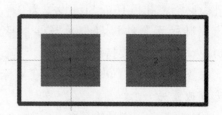

图 5-10 项目五中的晶振的封装符号

封装参数。

① 焊盘间距为 200mil。

② 引脚孔径 Hole Size 为 0，焊盘直径 X-Size 为 140mil，Y-Size 为 120mil。

③ 元器件轮廓为矩形。

④ 与元器件电路符号引脚之间的对应。晶振的图形符号中的引脚号 Designator 分别是 1 和 2，因此封装符号中的焊盘号分别是 1、2，如图 5-10 所示。

绘制步骤如下所示。

（1）单击 PCBLibPlacementTools 工具栏中的放置焊盘图标 ◉，按【Tab】键在弹出的 Pad 属性对话框中按如图 5-11 所示的界面进行设置。

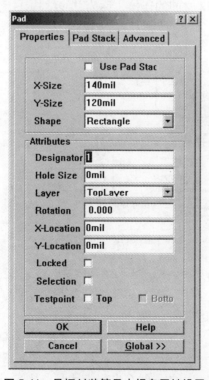

图 5-11 晶振封装符号中焊盘属性设置

焊盘直径 X-Size 为 140mil，Y-Size 为 120mil，按封装参数要求设置。

表贴式元器件焊盘多数为矩形，因此应将 Shape 设置为矩形 Rectangle。

焊盘孔径 Hole Size 为 0，这是表贴式元器件焊盘的特点，因为表贴式元器件焊盘中间无孔，必须将孔径 Hole Size 设置为 0。

表贴式元器件焊盘与元器件本身是放在同一面的，因此焊盘的工作层应设置为 TopLayer，这一点要特别注意。

设置完毕单击【OK】按钮，在坐标原点位置放置一个焊盘，在距离原点 200mil 的水平方向放置另一个焊盘。

（2）将当前工作层设置为 TopOverLay，单击 PCBLibPlacementTools 工具栏中的绘制直线图标≈，绘制符号轮廓。

（3）对封装重新命名后，保存。

任务三　绘制原理图与创建网络表

根据表 5-1 所示的元器件属性列表绘制图 5-1 所示的电路图。

在绘制图 5-1 所示的电路图时需注意两个问题，一是图中有复合式元器件符号 U5，应按照项目四中介绍的步骤正确放置；二是电路中有总线结构，总线结构的正确绘制方法将在下面进行介绍。

一、总线结构的概念

图 5-12 所示为 U1 与 U2 之间的连接，称为总线结构。

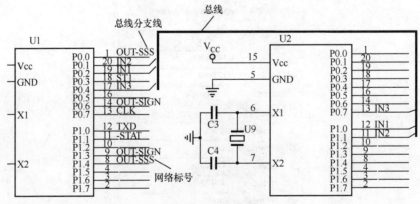

图 5-12　总线结构

总线是多条并行导线的集合，图 5-13 所示的 U1 与 U2 之间的连接是通过 3 条平行导线实现的，如果一张图中有多组这样的平行线，会使图面凌乱，但若用图 5-12 所示的总线结构来表示，可以使图面简洁明了。

图 5-12 中的粗线称为总线，总线与导线之间的斜线称为总线分支线，元器件引脚延长线上的字符称为网络标号，对于 U1 和 U2 虽然每个元器件的 3 条线都通过总线分支线连接到总线上，但只有网络标号相同的导线在电气上才是连接在一起的。

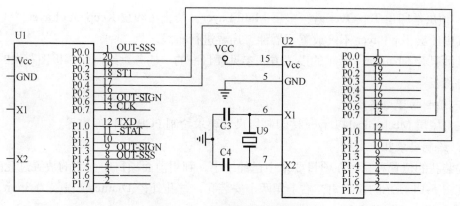

图 5-13　多条并行导线连接

网络标号具有实际的电气连接意义。在电路图上具有相同网络标号的导线，被视为在电气上连接在一起，即在两个或以上没有相互连接的网络中，把应该连接在一起的电气连接点定义成相同的网络标号，使其在电气含义上真正连接在一起，如图 5-12 中的 IN1、IN2 等。图中标有 IN1 的两条导线在电气上是连接在一起的，其余同理。

在绘制总线结构前，先在要连接总线的元器件引脚处分别绘制一段导线作为延长线，以便放置网络标号。

二、绘制总线

执行菜单命令 Place→Bus 或在 Wiring Tools 工具栏中单击放置总线图标 ，按导线的绘制方法即可绘制总线。

三、总线分支线的放置

执行菜单命令 Place→Bus Entry 或在 Wiring Tools 工具栏中单击放置总线分支线图标 →总线分支线随光标移动→按【Space】键可改变方向→单击，放置一个总线分支线，单击可继续放置；右击可退出放置状态。

四、放置网络标号

执行菜单命令 Place→Net Label 或在 Wiring Tools 工具栏中单击放置网络标号图标 →光标变成十字形且有一表示网络标号的虚线框粘在十字形光标上→按【Tab】键在弹出的 Net Label 网络标号属性对话框中输入网络标号名称如 IN1，单击【OK】按钮后将网络标号放置在 U1 第 19 引脚处的导线上，单击可继续放置 IN2 和 IN3（网络标号最后一位的数字会自动增长），右击退出放置状态。

按图 5-1 所示绘制原理电路图后，依据该电路产生网络表文件。

任务四　绘制双面印制板图

在前面的几个项目中已经比较详细地介绍了利用自动布局手工布线绘制双面印制板图的基本方法，在本节中只介绍与本项目要求有关的操作，其余操作步骤不再赘述。

一、规划电路板

双面印制板图需要的工作层有顶层 Top Layer、底层 Bottom Layer、机械层 Mechanical

Layer、顶层丝印层 Top Overlay、多层 Multi Layer、禁止布线层 Keep Out Layer。

其中顶层 Top Layer 不仅放置元器件，还要进行布线。

机械层 Mechanical Layer 的设置方法参见项目一的"任务六绘制印制板图"中的"二、规划电路板"。

1. 绘制物理边界

在机械层 Mechanical4 Layer 按印制板尺寸要求绘制 PCB 的物理边界。

2. 绘制安装孔

安装孔的位置和孔径在项目要求中已经给出，利用前面项目中介绍的放置过孔的方法放置在图 5-14 所示的左下角、右上角两个安装孔，过孔外径 Diameter 设置为 3mm，过孔孔径 Hole Size 设置为 3.5mm。

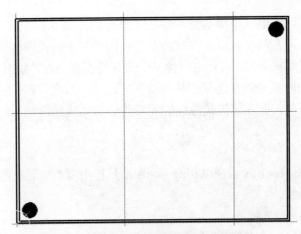

图 5-14　项目五印制板图物理边界与安装孔

过孔的圆心坐标 X-Location、Y-Location 要严格按照安装孔的位置要求，以及当前原点的位置进行设置。

因为在本项目中要进行铺铜操作，且这两个孔要与铺铜相连，因此这两个孔的外面就不需要在 KeepOut 层绘制同心圆。如果孔不与铺铜相连才需要在孔外围加 KeepOut 层同心圆，使铺铜与孔边缘保持一定的距离。

3. 绘制电气边界

将当前层设置为 KeepOutLayer，在物理边界的内侧绘制电气边界。

二、装入网络表

1. 加载元器件封装库

本项目所需的元器件封装库一个是系统提供的元器件封装库 Advpcb.ddb，一个是自己建的元器件封装库。

对于系统提供的元器件封装库 Advpcb.ddb，如果没有加载，参见"项目一、任务六"的"三、加载元器件封装库"中介绍的方法进行加载。

对于自己建的元器件封装库，只要在设计数据库文件（.ddb 文件）中打开即可使用。

2. 装入网络表

在 PCB 文件中执行菜单命令 Design→Load Nets,将根据原理图产生的网络表文件装入到 PCB 文件中。

三、元器件布局

为了布局方便，先将所有元器件移出印制板边界，移出方法参见"项目二"关于元器件布局的有关内容。

本项目的元器件布局应注意以下几点。

① 各输入、输出端子要置于板边。

② 晶振 U8、U9 应尽量与所连接芯片距离较近。

③ 元器件之间连线尽量短，且尽量减少交叉。

图 5-15 所示为完成布局后的情况。

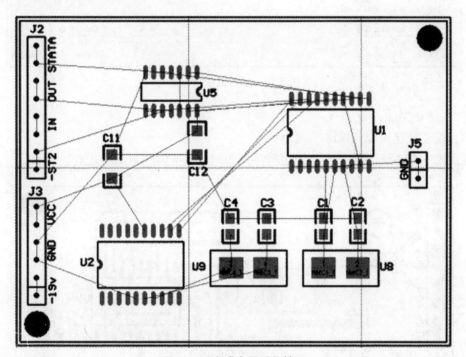

图 5-15　完成布局后的情况

将当前工作层设置为 TopOverLay，单击 PlacementTools 工具栏中的放置文字标注图标 T ，对 J2、J3、J5 有关焊盘进行标注。

四、手工布线

1. 设置布线规则

根据要求，本项目的信号线宽为 15mil；接地网络线宽为 45mil；V_{cc} 和-19V 网络线宽为 35mil。

设置后的规则如图 5-16 所示。

因为本项目中的主要元器件都是贴片元器件，且绝大多数布线都在顶层 TopLayer，因此本项目中采用分层布线的方法进行布线。

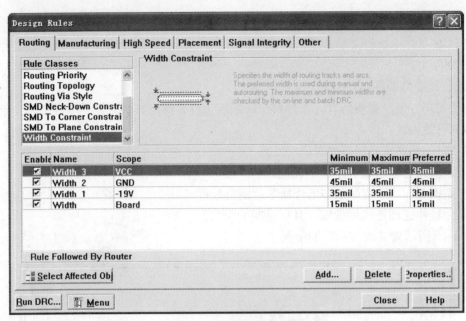

图 5-16　项目五线宽设置

2. 在顶层 TopLayer 布线

将当前工作层设置为顶层 TopLayer。

按照图 5-17 所示根据飞线指示进行手工布线，布线时注意以下几点。

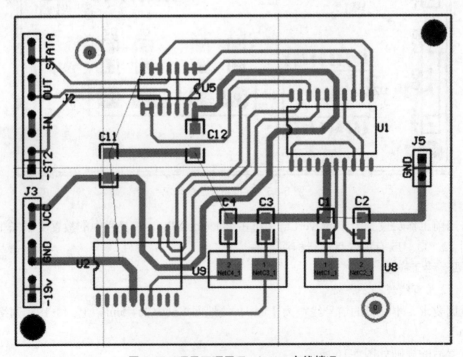

图 5-17　项目五顶层 TopLayer 布线情况

（1）因为走线基本都在顶层 TopLayer，在布线前要规划好走线方向和走线间距，使布线美观。

（2）J2、J3、J5 中焊盘之间的连线宽度如果原来设置小于 40mil 的，将其改为 40mil，大于 40mil 的则保持原先设置宽度不变。

（3）图 5-17 所示为完成了大部分布线的情况，其中仍有几条飞线显示，这是接地网络没有连通的缘故，这一问题将在下面解决。

3．制作 Mark 点（识别点）

MARK 点又称识别点（或基准点 Fiducial Mark），是供贴片机或者插件机识别 PCB 的坐标、方便元件定位的标记。贴片机对比基准点和程序中设定的 PCB 原点坐标修正贴片元件的坐标，做到准确定位，因此 Mark 点对 SMT 生产至关重要。图 5-17 中的两个 0#焊盘即为 Mark 点。

（1）Mark 点的组成

一个完整的 Mark 点应包括标记点和空旷区域，如图 5-18 所示。其中标记点为实心圆，空旷区域是标记点周围一块没有其他电路特征和标记的空旷面积。

图 5-18　Mark 点

（2）尺寸和空旷度

Mark 点标记的最小直径是 1mm（40mil），最大直径是 3mm（120mil）。

若设 Mark 点半径为 R，空旷区域半径为 r，则 $r \geq 2R$，当 r 达到 $3R$ 时，机器的识别效果最好。

特别注意，在同一 PCB 上，所有 Mark 点的大小必须一致。

（3）位置

Mark 点的边缘距离 PCB 的边缘必须大于或等于 5mm（200mil）或 3mm（120mil）（视贴片机的不同而不同），即图 5-19 中所示的距离。否则在进入贴片机时，导轨会挡住 MARK 点，影响贴片机摄像头的识别。如果在布局中做不到，可通过增加辅助边（工艺边）来解决。

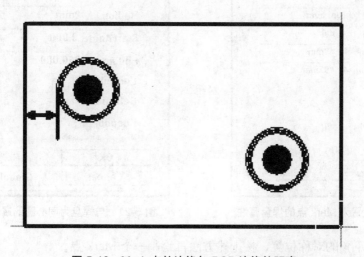

图 5-19　Mark 点的边缘与 PCB 边缘的距离

PCB 上所有的 Mark 点都要满足在同一对角线上成对出现才有效，所以 Mark 点必须成对出现。

如果 PCB 两面都有贴片元器件，则两面都要有 Mark 点。

（4）材料

Mark 点通常是镀金或清澈的防氧化涂层保护的裸铜、镀镍或镀锡。如果 PCB 使用了阻焊剂，阻焊剂不应覆盖 Mark 点和空旷区域。

（5）绘制 Mark 点

以放置左上角的 Mark 点为例。

放置标记点。单击 PlacementTools 工具栏中的放置焊盘图标⊚，按【Tab】键在弹出的 Pad 属性对话框中设置 X-Size 和 Y-Size 的值均为 2mm，Hole Size 的值为 0，工作层 Layer 选择 TopLayer，如图 5-20 所示，在距 PCB 的上侧边 220mil、距左侧边 450mil 的位置放置该焊盘。

绘制空旷区域。单击 PlacementTools 工具栏中的绘制圆图标⊘，在放置焊盘的位置绘制一个半径 Radius 为 2mm 的同心圆，工作层 Layer 选择 TopLayer，如图 5-21 所示为同心圆的属性设置。

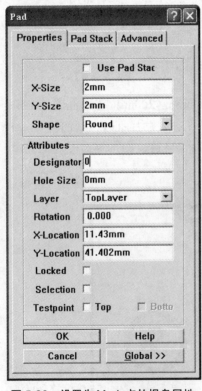

图 5-20　设置为 Mark 点的焊盘属性

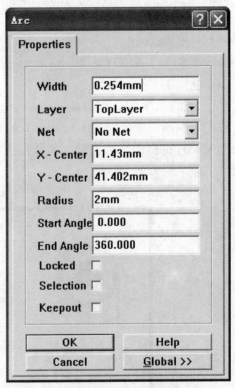

图 5-21　与焊盘为同心圆的属性设置

在 PCB 右下角的对称位置，按上述方法再绘制一个 Mark 点。

4. 在底层 BottomLayer 布线

将当前工作层设置为底层 BottomLayer。

连接 J2、J3、J5 中的焊盘，如图 5-22 所示。J2、J3、J5 中焊盘之间的连线宽度如果原来设置小于 40mil 的，将其改为 40mil，大于 40mil 的则保持原先设置宽度不变。

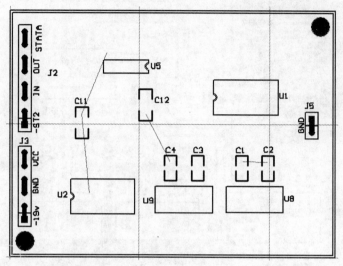

图 5-22　在底层 BottomLayer 布线

5. 在顶层 TopLayer 铺铜

将当前工作层设置为顶层 TopLayer。

单击 PlacementTools 工具栏中的放置多边形填充图标，弹出 Polygon Plane 多边形属性对话框，按如图 5-23 所示的界面进行设置。其中，Connect to Net（连接网络）选择 GND。Grid Size（填充内栅格尺寸）为 10mil。Track Width（填充内线宽）为 12mil，如果栅格尺寸小于线宽，填充效果是实心，如图 5-24 所示。Layer（填充所在工作层）为 TopLayer。设置完毕单击【OK】按钮，沿 PCB 边缘进行四周铺铜，铺铜后的效果如图 5-24 所示。

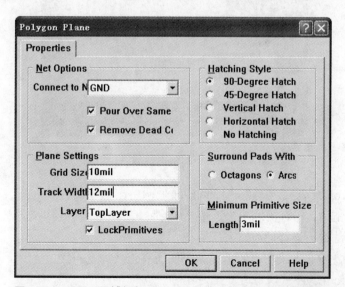

图 5-23　顶层四周铺铜的 Polygon Plane 多边形填充属性设置

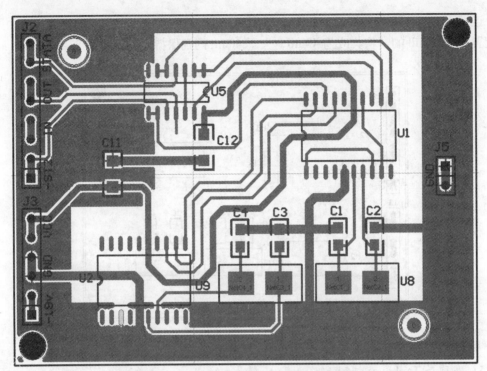

图 5-24　在顶层 TopLayer 进行四周铺铜

电路板四周铺铜在操作时应注意将图 5-25 所示的图形绘制为封闭图形即可。

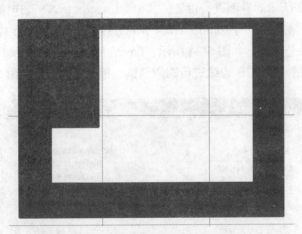

图 5-25　电路板四周铺铜的封闭图形

6. 在顶层 TopLayer 连接所有未布线的接地端

顶层四周铺铜后，仍有接地端未连接，如 C1、C3、C4 中的接地端未与接地网络连接，用手工布线的方法进行连接即可。

布线完成后，所有飞线均不显示了，说明所有连接均已布线。

7. 在顶层 TopLayer 修改所有直角连接

按照"项目一"中介绍的方法，用矩形填充将图 5-24 中的所有 90° 连接修改为 45°

连接，如图 5-26 所示。

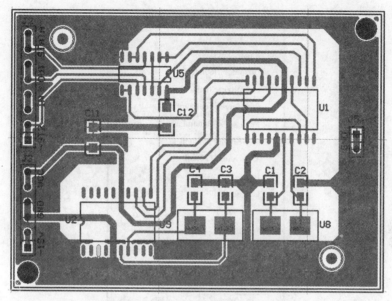

图 5-26　将直角连接修改为 45°连接

8. 在底层 BottomLayer 进行整板敷铜

将当前工作层设置为底层 BottomLayer。

单击 PlacementTools 工具栏中的放置多边形填充图标⊿，弹出 Polygon Plane 多边形属性对话框，按如图 5-27 所示的界面进行设置。设置完毕后，单击【OK】按钮，进行整板敷铜。

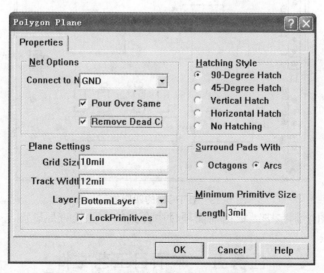

图 5-27　底层整板铺铜的多边形填充属性设置

9. 放置过孔

单击 PlacementTools 工具栏中的放置过孔图标，按【Tab】键在弹出的 Via 过孔属性对话框中按图 5-28 所示的界面进行设置。设置完毕在 PCB 的四周放置过孔，如图 5-29 所示，以

提高顶层和底层接地网络之间的导电性能。注意，过孔放置的位置要保证顶层和底层均铺铜。

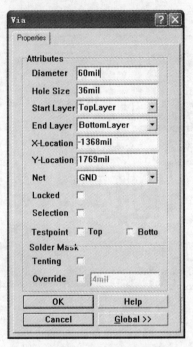

图 5-28 过孔的属性设置

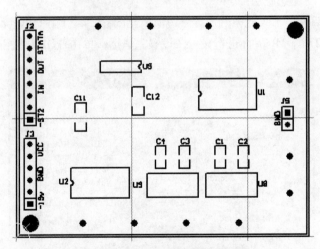

图 5-29 在 PCB 的四周放置过孔

至此，PCB 图绘制完毕。根据前面项目中介绍的方法检查原理图与 PCB 图的一致性。

任务五 本项目工艺文件

1. 双面板

2. 板厚（1.0mm）

此板成品要安装在一个机壳里，若板材太厚，安装会有困难，所以要选 1.0mm 厚的板材。

3. 板材（FR-4）

FR-4 的板材强度和韧性比较好，所以要选 FR-4 的材质。

4. 铜箔厚度（不小于 35μm）

5. 孔径和孔位均按文件中的定义。

主要强调的是各孔的孔径均已编辑准确。

6. 表面处理（热风整平）

热风整平后焊盘处是铅锡，提高了可焊性。

7. 字符颜色（白色）

白色为通用色。

8. 阻焊颜色（绿色）

绿色为通用色。

9. 数量（1000）

10. 工期（7 天）

注：工艺文件中的说明部分是对工艺要求的解释，在正式提交给制板厂时无需保留。

 项目评价

学习收获	任务一：	
	任务二：	
	任务三：	
学习收获	任务四：	
	任务五：	
能力提升		
存在问题		
教师点评		

参 考 文 献

[1] 及力. Protel 99 SE 原理图与 PCB 设计教程（第 2 版）[M]. 北京：电子工业出版社. 2007.

[2] 及力. 电子 CAD——基于 Protel 99 SE[M]. 北京：北京邮电大学出版社. 2008.

[3] 王卫平. 电子产品制造技术[M]. 北京：清华大学出版社. 2005.

[4] 王述欣, 王国栋. 电子产品工艺与质量管理. 校内教材 2009.

书　名	书　号	定　价
电子线路板设计与制作	978-7-115-21763-9	22.00 元
单片机应用系统设计与制作	978-7-115-21614-4	19.00 元
PLC 控制系统设计与调试	978-7-115-21730-1	29.00 元
微控制器及其应用	978-7-115-22505-4	31.00 元
电子电路分析与实践	978-7-115-22570-2	22.00 元
电子电路分析与实践指导	978-7-115-22662-4	16.00 元
电工电子专业英语（第 2 版）	978-7-115-22357-9	27.00 元
实用科技英语教程（第 2 版）	978-7-115-23754-5	25.00 元
电子元器件的识别和检测	978-7-115-23827-6	27.00 元
电子产品生产工艺与生产管理	978-7-115-23826-9	31.00 元
电子 CAD 综合实训	978-7-115-23910-5	21.00 元
高等职业教育课改系列规划教材（动漫数字艺术类）		
游戏动画设计与制作	978-7-115-20778-4	38.00 元
游戏角色设计与制作	978-7-115-21982-4	46.00 元
游戏场景设计与制作	978-7-115-21887-2	39.00 元
影视动画后期特效制作	978-7-115-22198-8	37.00 元
高等职业教育课改系列规划教材（通信类）		
交换机（华为）安装、调试与维护	978-7-115-22223-7	38.00 元
交换机（华为）安装、调试与维护实践指导	978-7-115-22161-2	14.00 元
交换机（中兴）安装、调试与维护	978-7-115-22131-5	44.00 元
交换机（中兴）安装、调试与维护实践指导	978-7-115-22172-8	14.00 元
综合布线实训教程	978-7-115-22440-8	33.00 元
TD-SCDMA 系统组建、维护及管理	978-7-115-23760-8	33.00 元
光传输系统（中兴）组建、维护与管理实践指导	978-7-115-23976-1	18.00 元
网络系统集成实训	978-7-115-23926-6	29.00 元
高等职业教育课改系列规划教材（机电类）		
钳工技能实训（第 2 版）	978-7-115-22700-3	18.00 元

如果您对"世纪英才"系列教材有什么好的意见和建议，可以在"世纪英才图书网"（http://www.ycbook.com.cn）上"资源下载"栏目中下载"读者信息反馈表"，发邮件至 wuhan@ptpress.com.cn。谢谢您对"世纪英才"品牌职业教育教材的关注与支持！

高等职业教育课改系列规划教材目录

书　名	书　号	定　价
高等职业教育课改系列规划教材（公共课类）		
大学生心理健康案例教程	978-7-115-20721-0	25.00 元
应用写作创意教程	978-7-115-23445-2	31.00 元
高等职业教育课改系列规划教材（经管类）		
电子商务基础与应用	978-7-115-20898-9	35.00 元
电子商务基础（第 3 版）	978-7-115-23224-3	36.00 元
网页设计与制作	978-7-115-21122-4	26.00 元
物流管理案例引导教程	978-7-115-20039-6	32.00 元
基础会计	978-7-115-20035-8	23.00 元
基础会计技能实训	978-7-115-20036-5	20.00 元
会计实务	978-7-115-21721-9	33.00 元
人力资源管理案例引导教程	978-7-115-20040-2	28.00 元
市场营销实践教程	978-7-115-20033-4	29.00 元
市场营销与策划	978-7-115-22174-9	31.00 元
商务谈判技巧	978-7-115-22333-3	23.00 元
现代推销实务	978-7-115-22406-4	23.00 元
公共关系实务	978-7-115-22312-8	20.00 元
市场调研	978-7-115-23471-1	20.00 元
高等职业教育课改系列规划教材（计算机类）		
网络应用工程师实训教程	978-7-115-20034-1	32.00 元
计算机应用基础	978-7-115-20037-2	26.00 元
计算机应用基础上机指导与习题集	978-7-115-20038-9	16.00 元
C 语言程序设计项目教程	978-7-115-22386-9	29.00 元
C 语言程序设计上机指导与习题集	978-7-115-22385-2	19.00 元
高等职业教育课改系列规划教材（电子信息类）		
电路分析基础	978-7-115-22994-6	27.00 元
电子电路分析与调试	978-7-115-22412-5	32.00 元
电子电路分析与调试实践指导	978-7-115-22524-5	19.00 元
电子技术基本技能	978-7-115-20031-0	28.00 元